面向阳光，阴影总在你背后

张萱 著

中国纺织出版社有限公司

内 容 提 要

人世间，有阳光的地方，就有光明和温暖。我们面向阳光，阴影就无处遁形，同样，我们的内心积极向上，心态积极，就会触摸到幸福，我们每个人都要心向光明。

本书是一本心灵抚慰剂，它犹如一位长者，用亲切平和的口吻为我们揭开获得幸福人生目标的终极密码——像太阳花一样积极向上，并给出一些富有针对性的指导意见，相信通过阅读本书，你能有所收获。

图书在版编目（CIP）数据

面向阳光，阴影总在你背后／张萱著.--北京：中国纺织出版社有限公司，2020.1
ISBN 978-7-5180-6852-4

Ⅰ.①面… Ⅱ.①张… Ⅲ.①成功心理—通俗读物 Ⅳ.①B848.4-49

中国版本图书馆CIP数据核字（2019）第229759号

责任编辑：李 杨　　责任校对：楼旭红　　责任印制：储志伟

中国纺织出版社有限公司出版发行
地址：北京市朝阳区百子湾东里A407号楼　邮政编码：100124
销售电话：010-67004422　传真：010-87155801
http://www.c-textilep.com
中国纺织出版社天猫旗舰店
官方微博http://weibo.com/2119887771
三河市宏盛印务有限公司印刷　各地新华书店经销
2020年1月第1版第1次印刷
开本：880×1230　1/16　印张：6.5
字数：118千字　定价：39.80元

凡购本书，如有缺页、倒页、脱页，由本社图书营销中心调换

前言

我们都知道,在这个世界上,最温暖的莫过于太阳了,它可以给我们带来温度,带来光明,为大地带来生机。正因为如此,所有健康茁壮的植物都有向阳的习性,最为典型的大概就是太阳花了,也就是向日葵的花朵。不管什么时候,只要有太阳的存在,它的花盘就始终面对着太阳。其实,如果我们人类也能像一朵朵向阳花一样,不管身处何种境遇,都始终心向太阳,那么我们的人生一定会多几分希望,少几分凄苦。

必须承认,任何人的一生都不会始终一帆风顺。要想避免被心中的风雨侵袭,我们必须胸怀太阳。很多情况下,人们对于生命的感受取决于自己的内心。对此,哈佛大学幸福心理学家本·沙哈尔曾说:"幸福来源于积极的心态。"托马斯·杰斐逊曾说:"一个人如果态度正确,便没有什么能够阻拦他实现自己的目标;如果态度错误,就没有什么能够帮助他了。"王尔德更说过:"人真正的完美不在于他拥有什么,而在于他是什么。"大仲马曾说:"烦恼与欢喜,成功和失败,仅系于一念之间。"

的确,心态有很多种,如"天下本无事,庸人自扰之",这是一种自寻烦恼的心态;"以牙还牙,以眼还眼",这是一种睚眦必报的心态;"拿得起,放不下",这是一种执着妄念的心态;"人心不足蛇吞象",这是一种贪得无厌的心态……英国文豪狄更斯曾经说过:"一个健全的心态,比一百种智慧都更有力量。"这告诉

面向阳光，阴影总在你背后

我们一个真理：有什么样的心态，就会有什么样的人生。我们渴望被他人认可，被别人喜欢，更希望拥有快乐幸福的一生，而这一切的源头，都在于我们的心态。如果你自寻烦恼而忧郁难安；或与他人斤斤计较而愤恨不平；或事事牵心，死抱过去念念不忘；又或贪心不足欲壑难填……拥有这些负面心态的话，你只能挣扎在被人厌恶、自怜自弃、抑郁不乐之中！要想获得真正的快乐和终身的幸福，你必须把上述各种不健康的心态统统赶出你的内心，净化你的脑海，选择正确而积极的心态，那就是——面向阳光。

可以这样说，心态不是人生的全部，却左右了全部的人生！事实上，我们每个人不可能与其他任何一个人一生相伴，唯有我们自己的内心除外。所以，我们没必要心情低落，要高兴地、健康地度过每一天。

然而，在苍茫而短暂的人生中，人怎么样才能变得无畏，变得淡定而不仓皇？这需要每个人在心中找到一个符号的寄托。但凡找到这样一个寄托，会给你的一生找到一个依凭，找到自己的一个内心根据地。

《面向阳光，阴影总在你背后》是一本温情励志书，本书同样贴近生活，从生活中那些能影响我们心情的种种人、事、场景出发，运用简洁精练的语言，通过生动和新颖的案例向读者朋友们诠释了拥有积极的心态对人生所起的举足轻重的作用，并告诉他们如何改变消极的心态，拥有积极的心态，进而开拓成功精彩的人生。

作者

2019年2月5日

目录

第1章　城市那么大，我们要跟孤独和平共处 ※001

　　　不必害怕孤独，我们都要学会和自己好好相处 ※002

　　　喧嚣尘世，留一份宁静给自己 ※005

　　　难得独处，学会享受一个人的生活 ※009

　　　知音难寻，不必呼朋唤友 ※012

　　　忙里偷闲，在独处中调适内心 ※014

第2章　一路匆忙向前，别忘记回头看看最初的你 ※019

　　　不忘初心，方得始终 ※020

　　　浮华世界，别迷失自己 ※023

　　　让心归于平静，抚去内心烦恼 ※025

　　　及时反省，检查自己的行为和心理状态 ※027

　　　清理心理垃圾，让自己轻松前进 ※031

第3章　再不用心爱，我们就在时光里变老了 ※037

　　　被爱前请先努力成为一个受欢迎的人 ※038

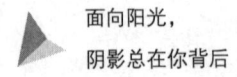
面向阳光，
阴影总在你背后

适合自己的爱人就是最好的 ※039

大胆一点，有爱就要说出口 ※042

想获得爱情，就要学会主动付出 ※046

婚姻的真谛是什么 ※049

第4章　忘记每一个伤害你的人，珍惜每一个爱你的人 ※055

忘记受过的伤害，内心才能真正舒展 ※056

原谅别人，其实是放过自己 ※057

忘却仇恨，放下心中的石头 ※060

学会感谢那些曾经伤害你的人 ※064

换位思考，体谅他人 ※065

第5章　心向善良，善良是世间开出的最美的花 ※069

善良让人内心更为快乐安然 ※070

助人为乐，多行善事 ※072

心怀悲悯，利他向善 ※074

心存善念，以仁爱之心待人 ※077

赠人玫瑰，犹有余香 ※078

目录

第6章　活着就是要温柔着坚强，微笑着遗忘　※081

别沉湎于过去，让生命回到现在　※082

不为昨天的错误流泪　※083

忘记过去的伤痛，开启新的生活　※087

无论发生什么，怀着理解的心态微笑面对　※089

从昨天的失败中走出来才能重新起航　※091

第7章　不必焦虑，凡事顺其自然才能从容自在　※095

你所担心的事，百分之九十九都不会发生　※096

你为什么如此焦虑和恐惧　※099

生活不可预料，我们只需要坦然面对　※102

降低期待，做好最坏的打算　※106

人生短暂，不要为小事而烦恼　※110

第8章　与幸福的人相交，与温暖的生活拥抱　※113

幸福孕育于积极阳光的心态中　※114

心向阳光，人生就不会失望　※115

微笑看待人生，好运就不会远离　※118

希望之于人生，就是披荆斩棘的力量　※120

努力工作，更要享受生活　※123

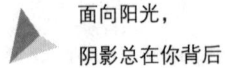
面向阳光，
阴影总在你背后

第9章　不要为了别人放弃坚持，你要迎合的只有自己 ※127

　　自信，是一个人力量的源泉 ※128

　　放弃别人眼中的你，成为最好的自己 ※131

　　瑕不掩瑜，真实的人生并不需要完美 ※133

　　相信自己，然后成为你想成为的人 ※137

　　不盲目比较，最优秀的人恰恰是你自己 ※140

　　内心强大，不奢求每个人都喜欢你 ※143

第10章　所有失去的，都会以另一种方式归来 ※147

　　放手爱情，也是一种成全 ※148

　　无论昨天发生什么，一切都会过去 ※152

　　暂时的失去是为了更好的获得 ※154

　　得失淡然，不必较真 ※156

　　过分执着，就是为难自己 ※159

第11章　微笑向暖，阳光中微笑是你最美的姿态 ※163

　　换个角度看问题，就会获得全然不同的心境 ※164

　　学会对生活笑一笑，感受生命的美好 ※166

　　微笑着面对苦难，与苦难一起成长 ※170

身处绝境，也不要放弃希望 ※174

始终记住，明天的太阳依然会升起 ※177

第12章　探秘幸福，享受当下是幸福最简单的模式 ※181

着眼当下，就是营造最好的未来 ※182

珍惜当下拥有的，幸福就会常伴左右 ※184

亲近大自然，享受最纯净的美好 ※189

用心感受，体会幸福 ※192

知足常乐，是幸福快乐的源泉 ※194

参考文献 ※198

第1章
城市那么大，我们要跟孤独和平共处

我们每个人都生活在一定的集体中，都要与人相处，很多时候，人们宁愿面对别人，也不愿单独面对自己。而其实，我们一辈子与之相处最多的还是自己，那些真正快乐的人也往往懂得怎样去开发自己的生活快乐源泉，会在寂寞的时候给自己安排一片只属于自己的小天地。所以我们要特别珍惜独居的光阴，要学会享受寂寞赐予我们的礼物，在喧闹的尘世生活中，不论何时，我们都要努力寻找一些悠闲的时光，用于独处，此时你暂放自己的尘心，悉心感受一下心灵的自由与成长。

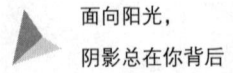
面向阳光,
阴影总在你背后

不必害怕孤独,我们都要学会和自己好好相处

我们知道,人是群居动物,我们都生活在一定的集体中,任何人的一生,都不可能脱离他人而存在,但是我们又是孤独的。你是否曾有这样的体验:夜深人静时,在我们内心深处,渴望被人理解,渴望被人接纳,但是,相识满天下,知己能几人?谁又能无时无刻地终生陪伴我们呢?的确,在很多时间里,在人群中前拥后抱,热热闹闹,让人误以为这就是生活的常态,其实,孤独才是人生永恒的状态,正如作家饶雪漫曾说的:"不要害怕孤独。后来你会发现,人生中有很多美好难忘的时光,大抵都是与自己独处之时。"

的确,不管我们与别人如何交集、交织,我们一辈子与之相处得最多的还是自己。所以,任何人都要学会接受孤独,并学会和自己好好相处。

哲人曾说,真正的勇士能享受孤独,这是丰富自我内涵的过程。那些能享受孤独的人,未必会对名牌产品信手拈来,但一定会懂得种好一盆花,会认真读完一本书,懂得煲好一锅汤,会照料受伤的小动物等,而这一切远胜于在饭桌上推杯换

第 1 章
城市那么大,我们要跟孤独和平共处

盏,在酒吧虚度人生。他们能保持自我,对外界的变化保持坚定的自我认识,并且能专注于自我充实、提升自我。

"每天下班后,我宁愿去图书馆看看书,也不愿意和一群人聚在酒吧。每读一本书,我都能获得不同的知识,有专业技能上的,有人生感悟上的,有风土人情,有幽默智慧,我很享受读书的过程,每次从图书馆出来都已经夜里10点了,走在回家的路上,看着路边安静的一切,风从耳边吹过,我真正感到了内心的安宁。同事们都说我这人太宅了,但我觉得,我是在享受寂寞,内心有书籍陪伴,我从不感到孤独。"

这是一个懂得与自己相处的人的内心独白。的确,心与书的交流,是一种滋润,也是内省与自察。伴随着感悟与体会,淡淡的喜悦在心头升起,浮荡的灵魂也渐归平静,让自己始终保持着一份纯净而又向上的心态,不失信心地契入现实、介入生活、创造生活。

英国作家汤玛斯说:"书籍超越了时间的藩篱,它可以把我们从狭窄的目前,延伸到过去和未来。"的确,书籍记录了太多伟大的思想,在读书的过程中,我们能实现自我提升,我们能探索到很多我们未曾涉及的领域,我们更能从书籍中找到心灵的导师,从而看清自己、走出狭隘,最终实现丰富自我、提升涵养的目的。

的确,人在独处时往往能让心安静下来,让思想尽情地遨

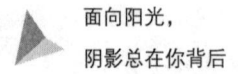

游,能思考很多事情,进而能做出最明智的决定,这大概就是独处的妙处。

的确,几乎所有人都在教我们如何合群,如何与别人沟通,却没有人告诉我们孤独才是生命的本质。

然而,城市那么大,扰乱我们心绪的因素太多,对此,我们要懂得调节。

1. 放空心灵,静思独处

每天,你都要抽点时间让自己独处,学会静心思考,排除心灵的垃圾。这样,每天你都能以全新的心态和精神面貌面对工作和生活,能减轻压力,降低欲望,也能获得更多的机会。

2. 多读书

阅读是独处时的最佳秘方。

3. 学会爱自己,爱自己才能爱他人

多帮助他人,善待自己,也是让自己宁静下来的一种方式。

4. 珍惜身边的人

无论你喜不喜欢对方,都不要用语言伤害对方,而应该尽量迂回表达。

5. 情绪不佳时,先尝试让自己安静下来

你可以尝试的方法有很多。例如,去健身房健身,让自己将情绪发泄出来;出去走走,听听自然界的声音。

6. 和自己比较，不和别人争

和他人比较，只会产生嫉妒心，你要相信，你就是你自己，只要你认真努力地去做，你也能实现进步，达成自己的目标。

7. 热爱生命

我们要认识到，每一天都是崭新的，都是充满新鲜血液的，都是阳光，为此，我们都要热爱生命、热爱生活。

8. 坦然面对生活

无论发生什么，我们都要以一颗坦然的心去面对，这样，你的人生会更精彩。

总之，每天保持一份乐观的心态，如果遇到烦心事，要学会哄自己开心，让自己坚强自信。只有保持良好的心态，才能让自己心情愉快！

可见，学会自我调节，学会享受孤独，学会和自己相处，有一颗平和的心，做好你自己，我们的生活就会更加成熟、更加深沉、更加充实。

喧嚣尘世，留一份宁静给自己

有人说，生命就像一艘船，穿过一个个春秋，经历过风风雨雨，才驶向宁静的港湾。然而，习惯了处于喧嚣尘世中的人们，习惯了呼朋唤友、三五成群甚至是灯红酒绿的生活，他们很难安静下来，一旦独处时，会显得手足无措，不知如何排遣。有人说，孤寂是吞噬生命和美丽的沼泽地。其实不然，孤独是让内心宁静下来的绝佳方法，正如白落梅在《你若安好，便是晴天》中所说："真正的平静，不是避开车马喧嚣，而是在心中修篱种菊。尽管如流往事，每一天都涛声依旧，只要我们消除执念，便可寂静安然。如果可以，请让我预支一段如莲的时光，哪怕将来有一天加倍偿还。这个雨季会在何时停歇，无从知晓。但我知道。"可以说，每当宁静的时候，我们更容易触摸自己的心灵。

事实上，那些真正心静的人，崇尚简单的生活，极少抛头露面，换来的是对人生，对社会的宽容、不苛求和心灵的清净。他们像秋叶一样静美，淡淡地来，淡淡地去，给人以宁静，给人以淡淡的欲望，活得简单而有韵味。

南宋僧人曾作一偈："身是菩提树，心发明镜台。时时勤拂拭，勿使惹尘埃。"实际上，任何一个人，行走于世的时间长了，他的身心难免都会沾染上尘世中的尘埃，如果不停下来好好清理自己的心灵，那么，我们的心很容易堆满灰尘。我们身边有很多活得洒脱、快乐的人，他们的共同特质在于，无论外界多么嘈杂，他们总会在自己的心底留一片净土。

我们再来看下面一个白领女性的微博：

夜深了，总算安静下来了，看着熟睡的孩子和老公，我端起一杯冰柠檬茶,打开电脑。忙了一天,终于可以找找自己的娱乐。

我习惯先看自己的微博,今天,不知道在朋友、同事中发生了什么样的事,看完微博后就一目了然。看来,微博已经成为现代人互动和联系的一个重要平台,我们也已经习惯在这里互相问候、谈论自己的家庭琐事。

有时候,觉得自己很累,尤其是白天繁重的工作压力和孩子的吵闹声,让我觉得结婚对于我来说就是个错误,但只要看到熟睡的家人,我的心又多了一分安宁。

其实我是爱好文字的,夜深人静的时候,我总喜欢写一些无关痛痒的东西,只要一下笔,心中所有的郁闷情结都不见了。老公也曾说我的文笔不错,问我要不要写本书。其实,我觉得,文字只是记录心情而已。

对于生活,我总是抱着知足的心态。太多的幻想都不太切合实际,过好当下的生活最要紧。所以,无论是微薄的薪水,还是全家5口人挤在80平方米的房子里,我都觉得无所谓,我更不会去羡慕他人的大房子、他人的社会地位等。朋友都说,我这人看得透彻,其实,我想说的是,如果我们都能在夜深人静的时候,好好想想自己要的到底是什么?也许我们都能得到答案,也就没有了那些浮躁之气。

诸葛亮说:"非澹泊无以明志,非宁静无以致远。"然而，身处闹市，我们该如何才能获得宁静？只有让自己的心沉静下来。相反，假如我们让心随波逐流的话，那么必定流于俗套，随波而逐流，为了眼前的浮华而拼命去追逐、去求索，这样的人生非但不能宁静，而且不能澹泊。处于喧嚣的尘世中久了，你会习惯众人聚集的生活，这个时候，你再也忍受不了孤独，更谈不上享受孤独了。

尘世中的我们，也应该有这样一份安然、宁静的心，然而，如何才能让心宁静呢？

首先，学会让自己安静，把思维沉浸下来，慢慢降低对事物的欲望。把自我经常归零，每天都是新的起点，没有年龄的限制，只要你将对事物的欲望适当地降低，会赢得更多的求胜机会。所谓退一步道路自然宽阔，就是这个道理。

其次，假如你遇到心情烦躁的情况，你可以喝一杯白水，放一曲舒缓的轻音乐，闭眼，回味身边的人与事，对未来可以慢慢地梳理，既是一种休息，也是一种冷静的前进思考。

最后，阅读也是让我们凝神静气的方法，广泛阅读，就是一个吸收大量养料的过程，要活着就需要这样的养分。

总之，繁华闹市，我们唯有让自己的心宁静下来，才能看淡得失、宠辱不惊、来去无意，才能活得快活肆意。

第1章
城市那么大,我们要跟孤独和平共处

难得独处,学会享受一个人的生活

生活中,忙碌的你是否曾有这样的体验:夜晚,奔波了一天的你终于回到家,你脱掉束脚的皮鞋,赤脚踩在地板上,然后走到客厅,倒头躺在沙发上,将双脚任意地放在某一位置,跷起二郎腿,没有人会说你不礼貌不雅观。随后,你将音响打开,放一首自己最喜欢的轻音乐,白天所有的烦恼都抛到九霄云外,没有上司的唠叨,没有孩子的吵闹,你觉得舒心极了。接下来,你闭上眼睛,从前的旧事一幕幕轮番上演,如电影一般,有那段青涩的初恋,有年少时朋友的嬉闹……此时,你的脸上有温热的液体慢慢滑下,说不清是幸福还是痛苦,但很明显,你已深深陷入记忆迷宫里,由不得自己。徜徉在记忆的迷宫里,享受着亲情、友情、爱情,正如炊烟袅袅升起。

然而,这看似简单的快乐,又有多少城市人能懂得品味呢?

不得不说,现代社会,随着生活节奏的加快,竞争的日趋激烈,经济压力逐渐增大,人们穿梭于闹市之间,已经习惯忙碌、灯红酒绿、觥筹交错的生活,以至于在独处时显得内心慌乱、手足无措。而实际上,我们每个人都应该珍惜与自己相处的时间,因为群居得太久,我们很容易忽视自己的内心。

朱自清先生在散文《荷塘月色》中写过这样一段话:"我爱热闹,也爱冷静;我爱群居,也爱独处。"人在独处之时可以想许多事情，可以不受他物的牵绊，让自己的思想尽情遨游，在深思熟虑中获得生命的体验与感悟。这便是孤独的妙处吧。

刘女士是一家外贸公司的老板，从公司成立之初到现在已经有3年时间了。虽然公司已经小有规模，但毕竟是家小公司，很多事还是需要刘女士亲力亲为，大到公司发展规划的制定，小到公司的财务问题。然而，更让刘女士感到心累的是，她几乎每天都要应酬客户，于是，不停地吃饭、喝酒、谈判，让她感到厌烦，甚至说是恐惧。

有一段时间，她的胃病犯了，医生建议她不要在外面吃饭了，于是，她决定给自己放一个星期的假，调理下身体。

这一周，她开车回到了农村的老家。

老家是个静谧的地方，清早起来，她听着潺潺的流水声、空谷中鸟儿的啼叫声，呼吸着新鲜的空气，那些所谓的客户、订单、酒桌等都抛到脑后的感觉真好。

就像做了一场梦，醒来后，她感到了前所未有的放松。她心想，也许只有独处、寂寞才能让自己的心静下来。

从那以后，刘女士每周都会花上半天时间来自己的"秘密基地"调整一下心情。偶尔，她也会带上自己的好茶，坐在河边，什么都不想，就一个人，什么都不做，她很享受这样的寂寞。

的确，生活中，很多人都和刘女士一样，因为工作、生活，不得不四处奔波，硬着头皮在喧嚣的尘世中闯荡，长时间

第1章
城市那么大，我们要跟孤独和平共处

下来，他们疲惫不堪、精神紧张，却不知如何调节。其实，如果我们能挤出一点时间独处的话，我们的心情就会得到舒缓。

实际上，凡是害怕独处的人，其实是不敢面对真实的自己，而原因则在于其心境狭窄。一个心境开阔的人，必然会因寂寞而更加深刻地反省自身，也就更坚定地成就自身、完善自身。

因此，我们每个人都要珍惜和自己独处的时间，当你独处时，也不要消极和无聊，你完全可以抱着积极的心态去做些事。例如读书，古人云："书中自有黄金屋，书中自有颜如玉。"书籍是人类进步的阶梯，你可以从书中获取知识、增长见识。你可以坐在阳台上，也可以蜷缩在沙发里，随时随地都可以进入书的海洋。

除此之外，你还可以听听音乐、冥想或者写一些文字，以此来洗涤心灵。但无论如何，请不要在寂寞中沉沦。

另外，你还可以专注于手头的工作和学习，那么，你便能沉浸在自己的世界中，又怎么会感到孤独呢？

举个很简单的例子，炎炎夏日，农夫想如何把稻子割完，学生一心要读完一本书。他们都是不孤独的，只有无所事事的人，才会觉得内心空虚、寂寞，需要与人为伴。

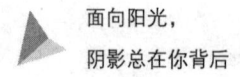

面向阳光,
阴影总在你背后

知音难寻,不必呼朋唤友

友谊是世间最真挚的情感之一。王勃有一句诗"海内存知己,天涯若比邻",深刻地描绘了友谊的伟大。爱因斯坦也说过:"世间最美好的东西,莫过于有几个头脑和心地都很正直的严正的朋友。"俗话说得好:"朋友多了路好走。""在家靠父母,出门靠朋友。"因为有朋友,我们的人生不再孤单、不再彷徨,我们始终能从朋友那里得来最真挚的帮助。

我们都知道,友情是世界上最珍贵的东西。生活中,当快乐到来时,我们需要和朋友一起分享,没有朋友的人像一片孤独的枫叶,随风一起飞散,心在飘荡,永远没有港湾,永远没有回头的路。

然而,人生得一知己足矣,不是所有人都适合做朋友。所谓"知己",顾名思义,就是知道、了解自己内心的朋友。每个人都有很多朋友,但是真正的知己却很少。真正的知己,不会受到外物的限制,就像伯牙鼓琴志在高山,钟子期曰:"善哉,峨峨兮若泰山!"志在流水,钟子期曰:"善哉,洋洋乎若江河!"伯牙所念,钟子期必得之。那是心有灵犀的奇妙,是一种无须言说的理解,是心灵长久的感动,是两人情操、智慧的共鸣。

如果你能珍惜,就不怕没有真正的友情,每个人的机会是均等的，但是每个人把握机会的能力是不同的，要善于抓住身边的友谊不放手。你一定可以找到一份真正的友情，一份纯洁不被污染的友情！因此，生活中，我们不必要刻意地以呼朋唤友的方式来结交友谊，事实上，这种友谊是不可靠的。因此，真正睿智的人往往在没有知音的情况下，宁愿独处。我们再来看下面一名畅销书作家的微博。

我从毕业以后就来到了深圳，这是一个一到夜晚就到处灯红酒绿的城市，一到周末就三五成群的城市。这里有很多和我一样从外地过来、带着梦想的年轻人，但我们也大多都朝九晚五，过着平凡且枯燥的日子。

在我们办公室，一到周五下午，大家就相约吃饭、唱歌、聚会。而我算是一个异类吧，我更喜欢宅在家里，打开笔记本，任笔尖在纸上徜徉，写下自己的心情，写下自己的生活，写下自己的憧憬，到后来，我已整整写了三本散文随笔。从去年开始，我突然产生了一个想法，我拿着自己的手稿来到出版社，想出版，结果总编看完以后很欣赏，当即决定帮我出版，于是我就"莫名其妙"地成为了畅销书的作者。

但即便是现在，我还是不愿意呼朋唤友，可能还是因为没有找到真正的知己吧。自己本来就内敛、少语，思考多于行动，人生的每个阶段只需极少的几个好朋友足矣，为什么要去羡慕善于交际的别人呼朋唤友推杯换盏的潇洒？不如回归自

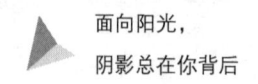

我，做点自己感兴趣的东西，不要期望笔下的文字能带来别人羡慕的眼光，只求笔能记录下人生的感悟、生活的态度，可以让自我内心得到宁静和满足……

总的来说，我们每个人都需要友谊，但知己难寻，很多时候，与其呼朋唤友、纠缠朋友，不如享受一个人的时光，让自己的心静下来，学会在独处中品味人生，让内心得到宁静和满足。

忙里偷闲，在独处中调适内心

你是否有过这样的经历：紧张忙碌的工作之余，你离开办公桌，冲一杯咖啡，来到窗前，静静俯瞰这城市中匆匆行走的人们，此时，你是否突然觉得自己好像累了很久，难得有这样轻松惬意的时刻？在万籁俱寂的子夜时分，你翻来覆去无法睡去，一想到第二天依然要面临繁杂的工作，你是否觉得心力交瘁，恨不得逃离这世界？你听够了上司的训导，同事的唠叨，孩子的哭闹，家人间的争吵，你是否很渴望能独处？

的确，在人的一生当中，我们大部分时间都在不停的奔波和忙碌中，都在与人打交道，独处的时间太少了。在大都市里，独处真的是少有的一种平静，当我们徜徉在一个人的时光里时，大概只有安静，只有自己的呼吸，只有平平淡淡，而拂去了忙碌、压力。在万物沉睡的凌晨，在肃静的内室之中，或是在空旷的郊野，在所有这些寂寞的时候，凡尘中的繁琐事务离我们远去了，忧虑与烦忧也不再侵害我们，我们的内心自然会生出许多平安欢喜的感激之情，此时思绪静止，内心安详而淳朴，你会感到一种与天地同在的醉意。

事实上，内心淡定的人，即使再忙碌，也会偷出空闲，滋养自己。他们像秋叶一样静美，淡淡地来，淡淡地去，给人以宁静，白日的尘埃落定，会在灯下读点书，修复日渐空虚的灵魂，使自己依然温婉和悦。

的确，我们每个人都背负着一定的压力，我们不得不四处奔波，硬着头皮在喧嚣的尘世中闯荡，长时间下来，我们疲惫不堪、精神紧张，却不知如何调节。事实上，调适心态的方法有很多，其中最为简单的方法之一就是尝试独处，给自己点时间，去享受生活。具体来说，在独处时，我们可以这样做。

第一，旅行；旅行可以增长我们的知识，我们在增长更多见识的时候发现了某些更符合自己内心愿望的爱好，而且亲眼见过的比只在书上看过或者听人说过更有触动性。另外，一个爱好旅游的人往往心胸更广阔，更懂得如何解决问题。

第二，音乐；音乐作为一种艺术，它之所以能打动人，是因为它能以动感的声音方式表现出一种情感，它所蕴涵的宁静致远、清淡平和，可以使终日奔忙、身心俱疲的现代人得到彻

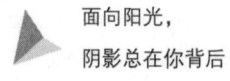

底的放松。

在音乐的圣殿中，我们能暂时忘记生活的繁琐，工作的不顺心，能获得音乐给予我们的心灵滋养。音乐能够影响人的情绪、调节生理状况，经常听一些旋律优美、节奏轻快的音乐，不仅可以调节情绪，而且还可以稳定内环境，达到镇静、降压、催眠等效果。

第三，舞蹈；当你随着音乐起舞的时候，你的音乐感、音准、韵律、节拍的敏感度都得到了提高，脑部及身体协调能力也得到了锻炼。

第四，读书；书是人类进步的阶梯，俗话说"腹有诗书气自华""读万卷书，行万里路"也是说明这个道理，读书可以让人见闻广博。

当然，除了以上方法外，我们还可以采用下面几种方法。

（1）宁静调适法。找一个僻静的地方，让自己的身体、心理完全放松，尤其是要放松思想，做到宁静、愉悦自得，恬淡虚无、少思、少念、少欲、少事、少语、少乐、少喜、少怒、少好、少恶行。

（2）主动休息。主动休息可消除疲劳，增加机体免疫水平和抗病能力，保持旺盛的工作精力。

（3）改善睡眠。躺在床上，闭眼、自然呼吸，把注意力集中在双手或双脚上，全身肌肉放松，每天坚持练习，会有良

第1章 城市那么大，我们要跟孤独和平共处

好的效果。

（4）巧用镜子。站在镜子面前做三四次深呼吸，凝视眼睛深处，告诉自己会得到所要的东西。的确，纷纷扰扰的尘世中，每个人都应该给自己一个静下来的理由。生活中，我们要扮演好很多角色，很多时候，我们焦头烂额，手足无措。

总的来说，身处闹市，面对闹与静，我们一定要懂得忙里偷闲。例如，一天烦琐的工作结束之后，你可以听听轻音乐，通过音乐，你可以发现生命的意义原来是感受生活中点点滴滴的美好。失落会在音乐中消散，沮丧会在音乐的荡涤中溶解，怀疑会在音乐中清除。也可以看看书，它会帮你寻找心灵的安顿，用音乐去寻找心灵的港湾，闯过生命的种种关卡，抵达心灵平静的彼岸，你便能保持心灵的宁静，多一份圣洁与执着，因为我们身边飘过那沁人心脾的乐风！

第2章
一路匆忙向前,别忘记回头看看最初的你

　　人们常说,人生就是一次旅行,在这一过程中,只有翻山涉水,不惧艰辛,走过忧郁的峡谷,穿过快乐的山峰,趟过辛酸的河流,越过滔滔的海洋,才能走到生命的最高峰,领略美好的风景。然而,此时,你是否回过头看看曾经的自己呢,是否还坚持曾经的善良,是否还心存梦想,是否还有宽容之心?如果你的回答是否定的,那么,是时候需要你停下脚步好好审视自己了。其实,要避免迷失自我,人生的旅途上,我们不妨在自己内心放置一面镜子,时刻觉察自我,看看自己的心是否失去方向,是否迷茫,只有这样,我们才能初心不改,奋勇向前。

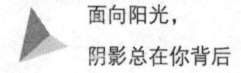
面向阳光，
阴影总在你背后

不忘初心，方得始终

哲人曾说："不忘初心，方得始终。"这八字箴言的含义是，不要忘记最初时候人的本心，就是人之初那一颗与生俱来的善良、真诚、无邪、进取、宽容、博爱之心。多应用在爱情、事业、生活等方面，提醒人们去感恩，去看清人生与自身。

然而，现代高速运转的社会让生活中的我们变得浮躁起来，在灯红酒绿的都市生活中，到处充满着诱惑，能做到静下心来的有几人？在充斥着各种颜色的生活中，偶尔放下浮躁的心，而人本性中的单纯、朴实早已被我们甩在身后。也许在这个快节奏的时代，我们真的走得太快了，是该停下脚步的时候了，等一等被我们丢远的灵魂。这样，才能让自己的心静下来，思索我们的人生。

我们先来看下面一个故事：

米歇尔在一家知名广告公司担任首席设计师一职，这几年来，她是公司发展最快的员工，好创意层出不穷，为公司做了不少贡献，因此被公司晋升为艺术总监。

然而，当上艺术总监没多久，米歇尔却发现自己才思枯

第 2 章
一路匆忙向前,别忘记回头看看最初的你

竭,很难创作出别具一格的作品来。为此,米歇尔非常焦虑。众所周知,对于一个设计师来说,创作力就是生命,而灵感则是创作的源泉。就这样,半年多以来,米歇尔每天都生活在焦虑之中,但是又不敢向同事倾诉自己才思枯竭的事实,毕竟,同事关系之中更多的是竞争关系。这种状况持续了很长时间,使米歇尔非常厌烦。

终于有一天,米歇尔闲暇时看到书上这样一句话:"不忘初心,方得始终。"她如梦初醒,大概是自己在城市生活太久了,心累了,于是,她把手头的工作安排妥当之后,向公司董事会请了年假,外出旅行去了。这次旅行,米歇尔只带了一个很简单的行囊和一个相机。她没有跟团,她想自己随心所欲地走走看看。她也没有目的地,只是想去找回失去的自己。

米歇尔首先去了四川九寨沟,恰逢秋季,她看到的美景让她情不自禁地为之心动。在成都吃完美食之后,米歇尔坐飞机去了云南大理、丽江。同样是一种精致的美,美得如梦似幻,让人不由得怀疑自己身在梦中。在云南慵懒地住了些日子,米歇尔再次坐飞机去了西藏。看着那些朝圣的人群,米歇尔觉得自己终于找到了想找的地方。每天,米歇尔在布达拉宫附近流连忘返,她似乎在寻找自己的灵魂。难怪人们说,西藏是最接近心灵的地方。在这里,米歇尔恍然顿悟,她找到了自己。米歇尔一再地延迟假期,在西藏住了半个多月。每天,她漫无目的地在路上行走,只有自己知道自己在寻找什么,也只有自己知道自己在这里找到了什么。

终于,在公司的再三催促之下,米歇尔依依不舍地离开了西藏。临行前,她默默地说:"西藏,我一定会回来的。"经历了一个多月的旅程,米歇尔晒黑了,也变瘦了,但是精神却很好。她的眼睛宛如小鹿的眼睛,既像一汪清泉,一眼见底,又像西藏那湛蓝的天空,引人无限遐思。渐渐地,公司中的人发现,在米歇尔总监的作品中,又多了一样可遇而不可求的东西,即澄澈的灵活,丰盈而充实。

很难想象,假如米歇尔没有及时地选择去旅行,寻找自己迷失的心灵,而是固执地坚守着工作,将是怎样的一番情境。很多时候,放下也是一种获得,米歇尔正是因为暂时放下了手中的工作,外出旅行,才能够及时地找回迷失的自己。

的确,当我们心情浮躁的时候,又怎能感受到那份宁静的幸福呢?曾经有一个百岁老人谈起他的长寿秘诀:"我每活一天,就是赚一天,我一直在赚。"这就是生命的真谛:豁达,坦然。

尘世中的我们,又是否有这样一种安然、宁静的心呢?你深思过自己是否被这纷乱的世界扰乱了思绪吗?你还是原本的那个自己吗?

的确,当今社会,我们的心态总是不断地接受着来自物质引诱的考验,很多时候,我们在追求目标的过程中,可能并没有意识到自己的心灵已经被那些虚幻的美好理想束缚了。生活远没有理想那么简单,理想的存在固然可佳,可我们更要做的是如何让理想接受现实的催化。就像一件被打造的利器,不经过熟火的炙烤、重锤的锻造,怎么能固握在战士的手中?清空你的心灵,再行注满,你就会接受成功的赏赐。

浮华世界,别迷失自己

现代社会,一切都在高速运转着,到处充满着诱惑。在这样的环境下,一些人逐渐迷失了自己,或者是失去了正确的价值观的判断,甚至有时候往往为了满足物质的欲望,使得自己的生活疲于奔命,或者心生为非作歹的念头,从而造成了社会当中的不安气氛。只有那些内心淡定的人,才能看清楚自己的内心而不至于迷失自己,他们无论是处于逆境还是顺境,也不管这个世界是浮华还是痛苦,他们总是保持平静的心态。

其实,自古以来,那些为了物质名利而丢失自己的人,最终都为之付出了惨重的代价。

清乾隆时期的贪官和珅,一生疯狂追求名利,他贪婪无度,官居宰相后丧心病狂地掠夺金钱。据史书记载,他拥有土

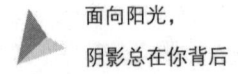
面向阳光，
阴影总在你背后

地80万亩、房屋2790间、当铺75座、银号42座、古玩铺13座、玉器库2间，另外还有其他店铺几十种。仅从和珅家抄没的财产就值银9亿两。最终，和珅被处极刑，落得个一命呜呼的下场。

再谈战国时期的吴起，他是一代名将，是一流的谋略家，更是最典型的名利狂。为了求名，他不择手段。为了赢得鲁国国君的信任，他竟然亲手杀了当初带着大量金银珠宝与他私奔的爱妻，就是因为妻子是鲁国的敌国——齐国的女子。他终于名扬四海，然而每次名成利就，却又遭小人暗算，跌下神坛，三起三落。名垂青史，是吴起的成功之处。因盛名之下不避收敛而丧失性命，又是他失败之处。

在通往名利的道路上，吴起与和珅都是反面的例子。淡泊名利并不是不要名利，宁静处世也并不是自弃于世，它的本意无非是叫人们把名利看淡，千万不要贪得无厌、患得患失；是让人们要安守本分，不要浮躁难耐、寝食难安。

做到不迷失自己，就需要我们做到以下两点。

1. 常反省自己

人虽然是不断前进的，但前进的过程中，难免会出现一些阻碍、陷阱等，一个人若想不迷失自己，就应时时反省自己，排除前进道路上的种种诱惑和阻碍，从而使人生之路越走越宽。

2. 懂得享受宁静

脱下白领的衣服换上流行时装走进灯红酒绿的地方，是现在人们放松的一种方式,随着灯光的闪烁人们摇摆着头甩着头发,但这真的能放松吗?灯红酒绿下,不知今夜又有多少人沉醉在此?这真的是一种解脱的方式吗?

让自己内心平静的方法莫过于独处,摆上一支檀香,一壶水,一缕清茶,一盏杯。水从高处慢慢冲入杯中,一切仿佛慢了半拍,茶叶在水中翻转腾挪,一缕香气弥漫出来,心境逐渐随之平静。实际上,人生本如茶,一泡洗净铅华,二泡三泡满品精华,四泡五泡回甘香灭。

总之,在灯红酒绿的现代社会,我们不要迷失自己,要告诉自己,不管遇到什么事情都要冷静,不管遇到多大的风浪都要坚定自己的立场。

让心归于平静,抚去内心烦恼

在生活中,每个人都会有一些烦心事,这些事情萦绕在我们心头,挥之不去,扰乱我们的心神。面对这些烦心事,一些人总是跟自己较真,因为心胸狭隘,迈不过去这个坎,做了傻事;有些人刻意逃避,借酒消愁,但是结果往往是酒入愁肠愁更愁。其实,这两种方法都不太高明,因为不能彻底地解决问题,反而还会徒增烦恼。

其实，最好的方式是一个人静下心来捋顺思路，只要思路理清楚了，很多如一团乱麻一样的事情自然就会理清了。就像一杯浑浊的水，你越搅和它越浑，最好的方式就是把它静置在那里，时间长了，杂质自然就会沉淀下来，水也就变清了。人的心灵就和这杯水一样，因为各种各样的烦琐事情，我们的心乱了，七上八下的，那么，不妨也将之静置一旁，时间长了，冷静下来，捋顺思路，很多问题自然就会迎刃而解。

那么，怎样调整自己的心态，使自己沉淀下来呢？不妨参考以下几个方面。

首先，自我反思。不管遇到什么样的问题和矛盾，都要先反思自己的行为是否有问题。在这个世界上，没有十全十美的人，每个人都有长处和短处。如果能够反思自己，认识到自己的不足，问题和矛盾就会迎刃而解。

其次，要学会换位思考。换位思考是一种效果非常好的方法，一旦遇到事情想不开的时候，就可以站在别人的角度和立场上去思考问题。这个角度和立场，既可以是与事情有关的另外一方的，也可以是与事情无关的第三方的。人们常说，旁观者清，假如你能够很好地站在旁观者的角度看待问题，那么你就能够更加冷静理智。此外，假如你能够站在另一个当事人的角度去考虑问题，那么你就能够感同身受，更好地理解对方的感受。

再次，转移注意力。很多人都发现，在遇到烦心事的时候，假如总是对它念念不忘，那么，就会越想越生气。反之，假如背道而驰，在生气的时候找些其他的事情做，或者想些开心的事情，就能够在无形之中淡化自己的愤怒情绪。

最后，保持豁达的心胸。无论遇到什么打击，都不要太在意，更不要耿耿于怀，因为不管是生气还是忧愁，除了给你带来更多的烦恼和痛苦之外，都无济于事。

古人云："宠辱不惊，闲看庭前花开花落；去留无意，漫随天外云卷云舒。"这种心胸，正是沉淀的必要条件。当然，如果拥有这种心胸，就能够做到不以物喜、不以己悲，自然不会为那些扰乱心神的俗世所烦扰。只要能够做到以上这四点，你就能够很好地沉淀自己，过滤出那些扰乱自己心神的世事，使自己淡定自若、从容洒脱。

及时反省，检查自己的行为和心理状态

古人云：吾日三省吾身。这是一句简单的话，但却蕴含了丰富的人生哲理。行走于世，我们的心灵难免会染上尘埃，只有及时反省，检查自己的行为和心理状态，才能以全新的面貌重新上路，才不至于迷失方向。因此，任何一个年轻人，都应

该通过不停的自我反省，来提高自己的人生境界。

然而，现代人在多了一份自信心的同时却少了一种"自省"的精神。他们喜欢得到他人的称赞夸奖，却更少自己反省了。在我们上学之时，老师可能经常教诲我们"每天反省自己"。这确实是一句颇有价值之言，你如果能好好照着去做，一定受益匪浅。

的确，任何一个年轻人，没有反省就没有进步，也可能会迷失人生的方向，甚至犯下大错。

德国诗人海涅说过："反省是一面镜子，它能将我们的错误清清楚楚地照出来，使我们有改正的机会。"所谓"反省"，就是反过身来省察自己，检讨自己的言行，看自己犯了哪些错误，看有没有需要改进的地方。

当然，每个人都有缺点，每个人都会犯错，都可能做出伤害到他人利益的行为，但是我们是圣人吗？当然不是。所以，为什么不静下心来反省一下自己呢？有了过失而不自知，从而越来越向错误的深渊靠近，这只能是自己更进一步的损失。

人都不可能十全十美，总有个性上的缺陷、智慧上的不足，而年轻人更缺乏社会历练，因此这就更需要你自己通过反省来了解自己的所作所为。

勇于面对自己，正视自己，对自己的一言一行进行反省，反省不理智之思、不和谐之音、不练达之举、不完美之事，并且要及时进行、反复进行,才能够得到真切、深入而细致的收获;疏忽了、怠惰了,就有可能放过一些本该及时反省的事情,进而导致自己的一再犯错。

我们先来看下面一个案例:

夏女士是个成功人士,婚后的她并没有因为家庭而放弃自己的追求,她和朋友合伙开了家服装公司。然而,尽管现在事业如火如荼,她却并不幸福。

有一次,下班后,她无意中听到员工们对自己的评价:"夏总这个人,虽然工作很努力,但说实话,我不怎么喜欢她,她脾气太坏了,我们是她的下属,又不是签了卖身契。"

"是啊,何止呢?我发现,她还有点小心眼,每次发工资的时候,她都会精打细算,会尽量扣除那些零头。"另一个下属接上话。

"还有啊,她很懒,没眼力价,说话太直,还毒舌,爱占小便宜,办事儿不想后果,总是说错话,一贯的自我感觉良好,自认为自己有那么点小长处,没有底气也敢瞎得瑟,不懂还装懂,还经常大言不惭地看不惯这看不惯那……"

"对,我看她那脾气,她老公估计也受不了,毕竟是女人,何必一天弄得跟个女强人似的……"

听完下属们的这一番话,夏女士真的震惊了,原来自己是这样的一个人。"看来,我真得反省一下自己了。"

当天晚上，夏女士回到家之后，就详细询问了一下丈夫关于自己的缺点。她的丈夫是个脾气好、说话客观公正的人，关于妻子的优缺点，他都提出来了："这么多年，我发现，你是个有魄力的女人……"

可能生活中，很多人都遇到过和夏女士类似的情况，原本"自我感觉良好"的自己，有一天却发现，原来有那么多的缺点需要改正。而这就需要我们不断反省，唯有反省才能进步。一个人的心智也是如此，不管他失去多少，只要还能够自我反省，就是成功的。不仅要在逆境中反省，还要在顺境时反省，只有这样，才能防患于未然，将危机消除于无形。

那么，我们该如何反省呢？

第一，了解你需要反省的内容。

（1）人际关系。你今天有没有做过什么对自己人际关系不利的事？你今天与人争论，是否也有自己不对的地方？你是否说过不得体的话？某人对你不友善是否还有别的原因？

（2）做事的方法。反省今天所做的事情，方式方法是否得当，怎样做才会更好……

（3）生命的进程。反省自己至今做了些什么事，有无进步？是否在浪费时间？目标完成了多少？

如果你坚持从这三个方面反省自己，那一定可以纠正自己的行为，把握行动的方向，并保证自己不断进步。

第二，掌握反省的方法。事实上，反省无时无地不可为之，也不必拘泥于任何形式，不过，人在面对繁杂事务的时候很难反省，因为情绪会影响反省的效果。你可在深夜独处的时候反省，也就是在心境平静的时候反省——湖面平静才能映现你的倒影，心境平静才能映现你今天所做的一切！

至于反省的方法，则因人而异。有人写日记，有人则静坐冥想，只在脑海里把过去的事放映出来检视一遍。不管你采用什么样的方式，只要有效就行。自省也不能流于形式，每日看似反省，但找不出自己的问题，甚至对错不分，那就很值得注意了。

一个具备反省能力的人一定要具有自我否定精神，就是要勇于认错。每个人都会有错误和缺点，有了错误，就要主动接受批评和自我批评，认真反省自身缺点，从而不断改进自己、升华自己。反省是心灵镜鉴的拂拭，是精神的洗濯。反省的过程就是一个人心智不断提高的过程，是一个人心灵不断升华的过程，也是我们对所遵循的标准不断反思和不断提高的过程。

清理心理垃圾，让自己轻松前进

生活中，忙碌的你，是否曾有这样的感受：忙碌的工作之余,突然觉得身上的包袱很重,或者心里像积压了很多石头?这些都让你觉得喘不过气,在人生的道路上越走越困难。这时如果你能学会清理心中的这些石头和放下肩头的包袱,摒弃掉一切外界的干扰,你就会感到从未有过的轻松。所以我们可以说,清理心理垃圾,能让我们更轻松地前进。

最近,珍妮为了方便接送儿子,在儿子学校附近找了一份工作,这下,珍妮有得忙了。

"自从到这边来上班,我以为会闲一点,因为接送孩子的时间会节省不少,但其实新工作进行起来太难了。我现在几乎没有自己的时间,我所在的办公室是3个人公用的,似乎什么都是大家公共的领地,好在大家相处是愉快的,事情也做得够漂亮,但是总有忙不完的事情。工作之余,也是把时间给了孩子和家庭。不过,我还是经常忙里偷闲,没事看看书,对于我来说,这已是最奢侈的事了。

明天就是十一长假了,下午领导交代了一些事,就让我们提前回家,以防路上堵车。但儿子还没放学,所以我想在办公室里等他,我继续忙着上次帮人家完成的一段视频编辑。后来孩子爸爸打来电话,说他去接孩子了,所以我又一个人坐在空空的办公室,等待着文件的生成、刻录。寂寞中,有了整理心情的想法,于是诞生了连续几篇的散乱文字。

刚才夕阳透过窗户映射进办公室,但现在夜色却蔓延开来了,偌大的办公室已经是寂静一片。站在窗前,视线是极好的,不远处已经是灯火阑珊,围墙外的道路上,街灯安静而闲适,让我不禁回想起10多年前的一些黄昏。在高中时一个人走在上晚自习的路上,冬日的黄昏,橘黄色的街灯点缀着深蓝色的天幕,有时飘雨有时落雪,更多的时候也无风雨也无情,一如自己的大脑,疲惫后的宁静与超然;还有的黄昏,站在大学七楼的寝室窗前,眺望不远的山上忽明忽暗的灯光,护城河里的水仿佛也能穿透夜色低语着。思绪飘渺地不知去向,似乎总也不知道家在何方,总有着无限的希冀,当然也有过彻底的绝望,那时候彻底地明白了一句话:热闹的是他们,而我什么都没有。

寂寞的、超脱的,一种很微妙的感觉似乎成了自己对黄昏最热切的期盼。然而毕竟我们都是红尘俗世中纠缠着的众生,谁也超脱不了。

很快,文件生成,我关掉电脑,关上窗户,收拾心情,踏上回家的路。明天,又是一个假期。真好。"

故事中的珍妮是个懂得让自己内心平静的人。然而,现实生活中,在浮世中行走了太久的人们,又有多少人懂得如何清心呢?许多人参与群体生活的缘由是他们不能够独居,不能够忍受寂寞,他们需要借助外界的喧闹来驱除内心的空虚。而群体生活却永远也不能治愈空虚,它只是经由精神的麻醉而暂时

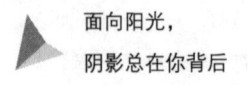

忘记了寂寞与空虚的存在，结果反而加重了这种空虚。

我们都知道，热气球想飞得更高就要抛弃更多沙袋，风浪中的船想航行得更远，也要把笨重的货物扔掉。我们有很多负重的情感，很多情况下舍不得放弃，但是只有把消极的情感扔掉，生活才更加美好。同样，如果能够及时地把自己的不愉快心情发泄出去，就能更快地进入下一阶段健康快乐的生活。不要压抑自己的不良情绪，如果这种不好的情绪一直在心里残留下去，就像沼气一样能够让人中毒，这会给人在心理上形成内在的巨大压力。

我们如果总是停留在过去的成就、荣耀中，那么，便不能以虚心的心态去求知，便总是驻足不前。因此，如果你想让自己的内心变得更为强大宽广，如果你想在人生路上继续前进，那么，你就必须拥有放下的智慧，放下过去的兴衰荣辱，以空杯心态面对未来。

当然，"空杯心态"并不是一味地否定过去，而是要怀着否定或者放空过去的一种态度，去融入新的环境，对待新的工作、新的事物。永远不要把过去当回事，要从现在开始，进行全面的超越！当"归零"成为一种常态、一种延续、一种时刻不断要做的事情时，也就完成了人生的全面超越。

也许，你会问，我们的心灵里可能会有什么垃圾呢？对曾经成功的、过时的褒奖，短暂的胜利，过期的佳绩的迷恋，当然，还有失望、痛苦、猜忌、纷争……清空就是把自己当人看，既然是人就有人的样子，有自己的优点，更要正视自己的缺点。你的优点可以促使你成功，缺点又何尝不会让你在平淡乏味的生活中体会意外的精彩？清空心灵垃圾是我们拥有好心态的关键。有了好的心态，才能让我们更彻底地认识自己、挑战自己，为新知识、新能力的进入留出空间，保证自己的知识与能力总是最新，才能永远在学习，永远在进步，永远保持身心的活力。

第3章
再不用心爱，我们就在时光里变老了

生活中，我们每个人都需要爱，爱是心灵最好的滋养品，是生活最强大的动力来源。爱情是世间最美好的东西，因为爱情是世间万物自然孕育而成，它本来是无形的，所以不能刻意地给它总结答案。我们都渴望爱情，但未必懂得如何去爱，相爱或许只是瞬间，相守却需要经营，爱是需要一辈子学习的功课。因此，我们都要明白，时光易逝，再不好好学习爱，我们真的就变老了。

面向阳光，
阴影总在你背后

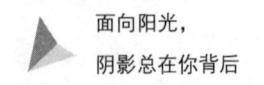

被爱前请先努力成为一个受欢迎的人

爱情大概是世间最美好的事物，千百年来，关于爱情的各种故事也被广为传诵，我们每个人都渴望有一个深爱自己的爱人，都渴望能与之携手走完一生。然而，要得到他人的爱，我们是不是应该先做一个受人欢迎、值得被爱的人呢？

对此，哲学家尼采曾说过这样几句话："你是不是在等待合适的人？你是不是想要找个爱人？你是不是希望你的恋人深爱自己？大概没有比这更自以为是的了。在这之前，你有没有努力成为一个好人，让更多的人喜欢上你？"这段话的含义就是：在渴望被爱之前，我们首先要做的就是努力提升自己，让自己更美好，让更多的人喜欢自己。那些被众人所厌恶的人，又怎么能指望他人爱你呢？

不难发现，我们生活中的一些人，他们总是做着各种美丽的爱情梦，女人希望自己遇到白马王子；男人也一直在等待着自己的梦中女神。但事实上，最终，他们遇到了吗？如果你不变成更美好的自己，又怎么可能遇到美好的他（她）呢？

我们都知道，新闻集团总裁鲁伯特·默多克的第三任妻子，MySpace的中国负责人——邓文迪是中国广州人，她曾经说："我是一个上进的人，无论做什么都会尽心尽力。人生充满了跌宕起伏，不管是顺境还是逆境，我都会找到美好的东西，使生活尽可能地接近完美。"

当然，"没有最好，只有更好"，我们不可能十全十美，我们的爱人也不可能十全十美，但我们应该有一个追求完美的心态。"取法其上，得其中也；取法其中，得其下也；取法其下，不足道也"。只有与时俱进，以高标准来要求自己，我们才会逐渐完善自己。

适合自己的爱人就是最好的

生活中，我们可能都有这样的体会：你的一个朋友买了一件很漂亮的衣服，他穿起来很好看，于是，你也想买一件，但在你试穿后，你却发现，这件衣服再好看，却不适合自己的气质，你只能放弃……这只是生活中的一件小事，但从这件小事中，我们可以明白一个道理，我们选择爱人也是如此：适合自己的才是最好的。

我们都是生活在集体中的人，我们也都有自己的圈子，于是，我们常常可能会不经意地用周围人的眼光来审视自己的生活。在婚姻爱情中，一些人会感叹：如果我的爱人也这么漂亮，带出去该多有面子；如果我的老公也这么有钱，我就不用这么辛苦了……许多时候，我们往往对自己的幸福看不到，而是觉得，只有别人认为自己是幸福的，才是真的幸福。实际上，幸福是属于自己的，他人只能旁观，却不能真正感悟，按照别人的期望经营生活，很可能让自己离幸福的大门越来越远。

事实上，人的一生都在选择中度过，因为有所选择，所以希望最终得到的是最好的，也因为时刻都在选择，所以无法判断什么才是最好的。而其实，根本没有什么最好，只有最合适的，学会珍惜，学会包容，学会忍耐，这才是对美好爱情的最佳诠释。我们再来看下面一个案例：

莉莉是个都市白领，有着迷人的相貌、令人羡慕的工作，但已经到适婚年龄的她开始着急自己的终身大事了，家里长辈们也开始催促她了。她最近很苦恼，这天，她来到闺蜜这儿诉苦，她说有个不错的男人喜欢她，是大学同学介绍的，对她很不错，每天下班后都在楼下等她，但就是有个不足的地方，这个男人家境很不好，而且，才毕业不久，看他现在的情况，近期也不可能发财。听到莉莉这么说，朋友倒说，这有什么可烦的，有人爱就是一种幸福，要是怕看走了眼，就先处着看看，不行再分也不迟。

后来，莉莉又支支吾吾地说，其实，还有个男人也在追自己，只不过年纪稍大，但经济基础好。朋友对莉莉说，这有什么好纠结的，又没人把刀架在你脖子上。接下来，莉莉说，这个年纪大的男人已经暗示自己，想赶紧成家。

看到莉莉迟疑的样子，朋友问她，那么你到底更爱谁一点呢？

她答，其实，女人自然是想嫁一个自己爱的男人，但爱能当饭吃吗！然后，她说，她更喜欢第一个人，但一旦和这个人恋爱，恐怕要遭受到周围很多人异样的眼光，因为无论是周围的朋友还是亲人们，都认为，以她的条件是完全可以找到更好的。

于是这位朋友弄明白了她的苦恼——原来她因为在乎周围人的眼光而忽视了自己的内心。

几个星期后，这位朋友就收到了莉莉的结婚请柬，而新郎则是那个年龄稍大的有钱人。

这个故事中，我们不能嘲笑莉莉势利，女人嘛，谁不想嫁得好一点？但幸福是自己的，我们不必太过在意周围人的眼光。这就如同人们常说的："如人饮水，冷暖自知。"我们不能把自己的思想强加于别人，当然也不会轻易接受别人的思维。人是群居动物，不是特立独行的，那些"标新立异"的，最后成功的只可能是极少数，且这样的成功都是用很大的代价换取的。与其这样，我们还不如享受自己的那些简单的幸福。

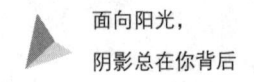

总的来说，我们都希望获得幸福的爱情，但其实幸福只是一种内心的感受，只要我们懂得发现，懂得珍惜，幸福就很简单。所谓珍惜并不是要去珍惜最好的，那不叫珍惜。珍惜的真谛恰恰在于敝帚自珍——正因为不够完美，所以才需要我们去珍惜。唯有珍惜，才能使寻常的日子、寻常的人、寻常的感情历久弥新，变得珍贵起来。

大胆一点，有爱就要说出口

自古以来，"爱情"都是人们谈论的话题，由此成就了无数个凄婉哀怨让人断魂的爱情经典。那些美丽的爱情经典故事常常为我们津津乐道。的确，谁都渴望美好的爱情，都希望找一个能与自己相互扶持的另一半。然而，并不是每个人都有勇气大胆追求爱情，尤其是女性，一直以来，在爱情的世界里，很多女人都显得太过矜持，她们总希望男人主动发出爱的信号，总认为女人就应该站在原地，就应该让男人主动走过来告诉她"我爱你"。在她们看来，主动表达爱是一件没面子的事，总认为一旦自己主动就失去了主动权。就在这一套没有任何事实依据的爱情理论面前，很多女人左右观望、左等右盼，最终的结果是让爱人离自己远去。事实上，在幸福面前，无论男女，我们每个人都应该大胆点、勇敢点，大胆地说出自己内心的感受，只有这样，才不会留下遗憾。

小风和小丽是一对人人羡慕的情侣，谈起他们的相识和相爱，还有一段曲折离奇的故事。

小风当时在北京的一家公司上班。小丽正是因为面试才认识的小风，虽然面试没有成功，但却和小风成了好朋友。你来我往间，情愫渐生。

小丽毕业后，小风已经不在北京上班了，而此时的小丽也没有在北京找工作的打算。后来，通过联系才得知，小风居然去了小丽老家的一家公司，于是，小丽头脑一热，也回去了，见面成了自然而然的事情。

第一次正式约会那天，天气非常热，小丽的方位感很差，直到上完大学，仍然只知道左右而不了解东南西北。通着电话，却彼此找不到对方，两人在相约见面的地方迂回了1个小时后，终于胜利会师。但是此时小丽已经晕头转向、气急攻心，并且有严重的中暑倾向，见到小风以后，也不管是不是第一次约会，也顾不得什么矜持不矜持了，她对小风说："我快休克了，英雄，能不能先借我肩膀用一下。"小风先是愣了一下，然后扶着小丽走进一家快餐店解暑。

从此以后，王子和公主开始了幸福的生活。过了很长时间，小风很纳闷地问小丽为什么第一次见面就向他借肩膀。小丽告诉他："当你还距离我150米的时候，我已经快晕倒了，当时看的武侠小说比较多，所以顺口就说出来了，幸亏你没有被我吓跑。"

这个故事中，我们发现，小丽就是一个敢于大胆主动追求爱情的女孩。刚毕业的她，为了追求爱情，主动来到小风工作的城市，并且，在约会时，她也是大大咧咧，直接表达自己的感受，她的一番幽默的话，体现了她的大方，让她赢得了爱情。

不错，一般情况下，在恋爱初期，都是男人主动发出求爱攻势，女人选择接受或者不接受。然而，并不是所有的男人都是大胆的，有些男人比女人更羞怯，也有一些男人性格豪放但同时也是粗心的，他们根本不懂得女人的心思，你一味地矜持只会让他觉得你并未中意于他，最终他们很可能因为你的态度而放弃这段感情。因此，如果你想获得幸福，不妨放下老祖宗那一套女孩要矜持的理论，有爱就说出口吧。

事实上，从人的内心角度看，人们都希望自己爱的人主动对自己表达，并认为只有这样，才能把握爱情中的主动权，而如果我们一味地坚持所谓的矜持，那么，只能白白让爱蹉跎，甚至离自己而去。总之，在爱情的世界里，无论男女，我们每一个人，都要遵循自己内心的想法，对于自己爱的人，一定要大胆地告诉他："我爱你！"

有一个年轻人，长相帅气，为人厚道，但就是有个缺点，做事优柔寡断，就连追女孩子也是如此。

一天，他很想到他的爱人家中去，找他的爱人出来，一块儿度过一个下午。但是，他又担心，不知道他应该不应该去，怕去了之后，或者显得太冒昧，或者他的爱人太忙，拒绝他的邀请，但是不去敲门铃吧，他又很想念他的爱人，于是他左右为难了老半天，最后，他勉强下决心去了。

但是，当车一进他爱人住的巷子时，他又开始后悔，他既怕这次来了不受欢迎，又怕被爱人拒绝，他甚至希望司机现在就把他拉回去。车子终于停在他爱人家的门前了，他虽然后悔来，但既来了，只得伸手去按门铃，现在他只希望来开门的人告诉他说："小姐不在家。"他按了第一下门铃，等了3分钟，没有人答应。他勉强说服自己再按第二次，又等了2分钟，仍然没有答应，于是他如释重负地想："全家都出去了。"

就这样他带着一半轻松和一半失望回去了，心里想，这样也好，但同时，他也很难过，因为这一个下午没有安排了。

事实上，他万万没有想到的是，他的爱人，一直就在家里，这个女孩从早晨就盼望这位年轻人会突然来找她，带她出去消磨一个下午，她不知道他曾经来过，因为她家门上的电铃坏了。

故事中，这个年轻人如果不是那么患得患失、瞻前顾后，如果他像别人有事来访一样，按电铃没人应声，就用手拍门试试看的话，他和他的爱人就会有一个快乐的下午了。但是他并没

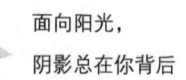

有下定决心,所以他只好徒劳而返,让他的爱人也暗中失望。

的确,处于新时代的每一个人,无论男女,都应该有大胆追求爱情的勇气,都应该敢爱敢恨。试想一下,当他日你与爱人一起偎依在夕阳下的时候,也会你会发现,正是你当初的那一脑子热血,才让你没有错失一份美好的爱情!

想获得爱情,就要学会主动付出

爱情应该是一种很美妙的东西,因此才会有那么多的人不断地追求与向往。爱情也应该是人世间最美好的一种情感,所以才会让人品味到一种难以言明的幸福。爱情应该有超强的磁力,所以人们不惜耗尽一生的精力去追求这种至纯至美的爱情。我们每个人,都渴望能收获到一份美好的爱情,但我们一定要明白,光有爱还不够,爱情还需要我们悉心的呵护与付出,不懂得付出的人,同样收获不到爱。

我们先来看下面一段爱情故事吧:

有个很普通的女孩,普通的长相,成绩普通,家庭环境普通。而她喜欢的男生是个优秀的大学生,他周围总是围着一群女孩,认识他时,她才上高中,但她暗暗下决心,一定要努力,一定要让自己足够优秀,才能配得上他。

那时候，他根本不喜欢她，他觉得她根本不是自己喜欢的类型，但她说："只要我爱你就行。"她拼命读书，终于，她考上了和他一样优秀的大学，她有更多的机会接触他了。每天，她都会把早饭送到他宿舍楼下，看着他吃完早饭，她才安心地去上课；一到周末，她就抱起书本去图书馆占两个位子，和他一起学习是最开心的事……后来，他考上了某校医学专业的研究生，而她，也找到了自己的目标，她要成为一名最优秀的护士。毕业前，她顺利拿到了执照。

在她的毕业典礼上，他来了，他给了她一个大大的拥抱，并告诉她："你是好样的。"从那以后，他们恋爱了，她高兴极了，6年了，她终于看到了自己努力的成果。

也许很多女人会说，这个女孩太幸福了，终于让爱人接受了自己。然而，我们更应该看到的是她的付出，如果她没有努力读书，没有对爱人无私的付出，她会"守得云开见月明吗"？当然不会。可是，让人久久思量的是，有多少人能像故事中的这个女孩一样懂得为爱奋不顾身呢？

世间任何情感都是相互的，要得到就需要付出，爱情也是如此，它经不起任何透支。因此，你若想获得爱情，就必须学会主动付出。

爱情需要争取、付出，爱上一个人只要一分钟，忘记一个人却需要一辈子，就像一句歌词"有多少爱可以重来，有多少

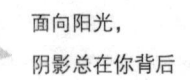

人值得等待？当懂得珍惜以后回来……会不会还在……"不免有些凄凉。人一生当中也许会遇到很多爱你的人和你爱的人，但无论怎样，遇到了你生命里的爱人，就要懂得珍惜，任何一段感情，都经不住你源源不断地索取，所以，我们也要学会为爱情付出！

那么，我们该怎样为爱付出呢？

1. 多理解，多包容

那些情商高的人，无论是在爱情还是在婚姻中，都能在平淡的生活中寻找到那份惬意、关爱。他们明白，理解与包容就是对爱情的最大的付出，也因此少了许多"无理"要求，这些理解和认同也让他应对了爱人的理解和尊重。

2. 做爱人的左膀右臂

妻子没有丈夫的支撑像鱼儿离了水；丈夫失去妻子的辅助像瓜儿断了秧，两者之间是相辅相成、密不可分的。当然，做爱人的左膀右臂，不仅仅是在事业上，还应该在家庭生活方面，尤其在教儿育女方面。所以，夫妻应该同心同意，系牢同心结，两人都为家业尽心尽力，用毕生的精力去劳动，去实践，如此你就会拥有幸福的婚姻！

3. 在平淡的爱情与婚姻中加点"蜜"

现代社会，无论男女，都忙于工作，最困难的是平衡家庭和工作之间的矛盾。很多时候我们就像一个不够娴熟的"挑夫",一头挑着工作,一头挑着家庭,为掌握它们之间的平衡而心力交瘁……但再忙再急,也不要忽视你的爱人,忽视了幸福的婚姻,为此,你不妨偶尔请爱人看场电影、吃顿自助餐、写封情书,或者偶尔放下工作,带着爱人来一次"私奔"行动……这些,都会让你的爱人感激不已!

总之,我们要认识到一点,如果你想要感情长久,只靠对方单方面的付出和努力是远远不够的,感情是相互的,你不付出怎么会有所收获呢?

婚姻的真谛是什么

每个人都会步入婚姻的殿堂,和另一个人开始过一种新的生活。但正如钱钟书先生在《围城》中所描述的:围在城里的人想逃出来,城外的人想冲进去。的确,相爱容易,相处难。

生活本就是繁琐的,每天油、盐、酱、醋、茶,自然少了婚前的激情与浪漫。彼此之间更是认为婚后就是过日子,一回到家,就可以好好放松了,哪里还在意自己的形象。于是,什么缺点都暴露无遗,悠然地享受着对方的奉献与付出,这一切似乎是理所当然、顺理成章的事。生活的平淡,让心里最初的那种美好的感觉也在一点点失去,付出了很多,而往往得不到对方的理解与珍惜。日积月累,开始有了怨恨之心,面对生活的种种不如意,失落在心中一点点地聚积。于是,责备与争吵便开始了,矛盾便产生了。夫妻双方总是认为自己付出得多,得到得少,于是,就会感觉到失望。而失望后,又会不停地抱怨,慢慢地失去了耐心,慢慢地灰心。为了孩子、为了家庭、为了自己的名声,凑和着过完下半辈子。

其实,如果退一步,多想对方的好,少想对方的坏,多一点宽容,少一点责备。那么,情况是不是会好很多呢?例如,你发现对方一脸不高兴,你就想,他(她)可能是在工作上遇到了什么不顺心的事,可能是被上司训斥了,也可能是身体不舒服,而不是因为你。这时,你不妨为他(她)端上一杯咖啡,对他(她)笑一笑,那么,得到了你的安慰,他(她)的心情一定会好很多。

的确,两个人因为爱走到一起,就要懂得为爱付出。对待爱人宽容一点,你会发现,生活会有所不同。允许自己所爱的人有自己的独立空间,爱他(她)就是连他(她)的缺点一起包容。没有了心中的不忿,没有了怨恨的眼神,你会发现家里充满了温馨、和谐的气氛是那样的美好,你会发现生活有了很大的改变。

当然,有这样一句妙语:"婚姻是唯一没有领导者的联盟,但双方都认为他们自己是领导。"之所以这样说,就是因为婚姻需要夫妻双方共同经营。两个性格、成长环境不同的人走到一起，就必须做到互相包容。很多夫妻之间，正是因为个性冲突而亮起了红灯，爱情如水，婚姻似杯，当爱情沉淀的时候，当婚姻出现了波折，我们该轻轻地摇摇杯子，用理解和包容来沉淀。

其实，生命的意义不仅仅在于要成就多么伟大的事业，实现多么崇高的人生目标，或者拥有多少的财富，也在于如何淡然地享受人生努力追求过程中的愉快心情，感受那份淡淡的幸福味道，这也是婚姻的真谛。

一名男子在经历了几年的事业打拼后，事业有成，但对自己的婚姻却产生了厌倦的情绪，他对妻子的闺蜜产生了好感。在几经思索后，他决定邀请妻子闺蜜出去聊聊，而对方也答应了他。

出门的时候，他向妻子撒了个谎，说晚上有应酬，晚点回来，妻子也没说什么。

男子如约而至，妻子的闺蜜已经等候已久。于是，男子开始与其交谈，席间，自然免不了谈论他们共同熟识的人——妻子。男子抱怨妻子如何如何地让他感到厌倦，说妻子只懂得柴米油盐，不懂得浪漫。当他试图握住妻子女友的手向她表白心意的时候，妻子女友却对他说，对不起，时间到了，我答应了我的朋友。

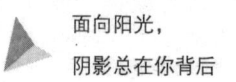

他惊讶地问:"你朋友是谁?"

妻子女友说:"你的妻子。"

他愕然了,一副垂头丧气的样子。他突然觉得很惭愧,怎么能这样对待勤勤恳恳的妻子呢?

他拖着沉重的脚步推开家门,妻子在等他。妻子对他说,这不怨你,我也有做得不足的地方。他感到无地自容,只有深深的愧疚和感动。他们俩紧紧拥抱在一起。

后来的日子,他们彼此之间多了一分信任,一分恩爱。

面对爱人感情出轨,如果是你,你会怎么做呢?有的人以报复来求心理平衡,有的人扯着对方的衣领上法院,有的人找"第三者"撕打成一团。但故事中的妻子是一位大度的女人,当朋友告诉她她的丈夫有出轨的想法时,她并没有气势汹汹地和丈夫吵闹,而是给丈夫一次反思的机会,然后心平和气地承认自己的不足,并表示自己是爱丈夫的。她的智慧与宽容挽救了她的家庭以及幸福。

的确,一个家庭建立起来不容易,靠的是一砖一瓦、一丝一缕的温暖与感情,但想摧毁它却是轻而易举。一个健康的家庭关系,需要经过一段漫长的心心相印、风风雨雨的过程,这也是每个人一生必修的功课,需要双方不断自我反省和调整,更重要的是两个人都有着宽容开放的心,在爱中学习爱。

在婚姻和爱情的磨合期中,很多人都想努力改造对方,要对方变得完美，一旦对方犯了什么错误，就把这段辛辛苦苦经营的爱情打进地狱，这是爱情痛苦的根源。但我们要知道尘世中的哪一种生活都不可能完美，不求完美，我们的心中便会多一分坦然一分满足，换言之，也就是多了一分幸福。

总的来说，在感情的世界里，爱人之间最重要的基础，是宽容、尊重、信任和真诚。宽容是善待自己、善待爱情的最好方式，即使对方做错了什么，只要心是真诚的，就应该重动机而轻结果，这样才能唤回幸福的爱。另外，如果彼此相爱，为什么不多一分宽容与忍耐呢？充分地理解对方的行事做法，不苛求，不责怨，如此，必然给对方以爱的源泉，爱情才会和美幸福。

第4章
忘记每一个伤害你的人,珍惜每一个爱你的人

　　人生路上,我们每个人都要与人打交道,有亲人、爱人、朋友甚至有敌人,爱我们的人给我们帮助、关心和呵护,而伤害我们的人则会让我们产生痛苦、焦虑、苦难等。对此,哲人说,忘记每一个伤害你的人,珍惜每一个爱你的人,因为宽容如一阵风,如一滴雨,给别人带来爱,也洗涤了我们的心灵,而学会感恩,珍视他人的爱,则会让我们的生活更美好。

面向阳光，
阴影总在你背后

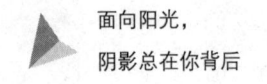

忘记受过的伤害，内心才能真正舒展

人生苦短，我们幼时不知世故，青葱茫然四顾，青年为前程奔波，中年为生活所累，春去秋来老将至，病痛又不邀而至……我们的一生始终没有停止过。在这短短的人生旅途中，我们难免遭到别人的伤害。对此，你是否怨恨，是否悲伤？而其实，如果真的能够抛掉这许多的怨恨，以博大的胸怀去宽容别人、原谅别人，可能会是一种很高的人生境界。

然而，在激烈的竞争社会，在利益至上的商业时代，宽容与忠厚似乎成了无用的别名。但每个渴望获得幸福和安宁的人们，都不要忘记：宽容是一种爱，豁达是一种智慧，会让你的生活无限美丽。征服人心不靠武力，而是靠爱和宽容。成大事者，无不具有宽容的品质，谁若想在困厄时得到援助，就应在平时宽以待人，让他人心存感激，爱心永存，那么他就能在人生旅途中顺利地前进。

命运不是不可选择和主宰的，如果我们以自己的心灵为根本，以生存和发展为动机，去追求平和豁达的心态，那么我们就能主宰命运。包容是对自己的理解和体谅，不将小事时时挂在心上，心平气静不计得失，自然不会无事生非自寻烦恼。豁达是一种爱，你要相信，斤斤计较的人、工于心计的人、心胸狭窄的人、心狠手辣的人……可能一时会占得许多便宜，或阴谋得逞，或飞黄腾达，或春光占尽，或独占鳌头……但不要对宽容的力量丧失信心。用宽容所付出的爱，在以后的日子里总有一天一定会得到回报，也许来自你的朋友，也许来自你的对手，也许来自你的上司，也许更来自时间的检验。

因此，我们若想拥有一个成功的人生，就必须有豁达、包容的心，去容纳别人的伤害，你的人生境界将变得更加开阔。

原谅别人，其实是放过自己

在日常生活中，难免会发生这样的事：亲密无间的爱人、曾经肝胆相照的朋友、共事的同事，无意或有意做了伤害你的事。你是选择宽容他，还是悄悄诀别，或报复对方？有句话叫"以牙还牙"，当人们被人欺骗或者伤害的时候，似乎后两者更符合人们的心理。但你想过没有，你这样做，难道真的能发泄内心的不快？"冤冤相报何时了"，你这样做，怨会越结越深，仇会越积越多，你自己也会为之付出沉重的心理代价：寝食难安，放不下那所谓的仇恨。那么，既然如此，为什么不放过自己的内心呢？如果你能表现出自己大度能容的大家风范，即使受到了"切肤之痛"，依然能慷慨地宽容对方，你的形象瞬时就会高大起来，你的宽宏大量、光明磊落就会使你的精神达到一个新的境界，对方也会被你的人格力量所折服，重修旧好的友谊对于彼此来说，也显得弥足珍贵。

的确，人世间万般仇恨，皆源于仇恨者本身，能引导其脱离仇恨的明灯，也唯有那颗始终不忘自我救赎的心。如果你不学会原谅，就会活得痛苦、活得累。原谅是一种风度，是一种情怀，原谅是一种溶剂，一种相互理解的润滑油。原谅像一把伞，它会帮助你在雨季里行路。有时候，原谅对方，其实也是救赎自己。

当然，你在心里是否原谅别人的错误，对于对方来说并没有多少影响，而对于你来说，则不同。如果你不原谅，选择继续怨恨、纠缠等，那么，痛苦的就是你自己，如果你希望自己的内心解脱，那么，你就应该选择原谅。实质上，这也只是个心理转换的过程，也就是把自己的心灵从别人带给你的伤害和不快中解脱出来。

当然，要做到豁达包容，也不是一件易事，需要我们做到以下几点。

第一，换位思考，理解他人。同是一朵花摆在面前，会有"花谢花飞飞满天，红消香断有谁怜"的感怀，也会有"落红不是无情物，化春泥更护花"的深刻。同是一轮明月挂在夜空，张若虚会吟出"江畔何人初见月，江月何年初照人"的思索，李太白会叹出"床前明月光，疑是地上霜"的乡愁。你能苛责寄人篱下的林妹妹的伤怀？你能否认落红护花的事实？你能责怪张若虚是无病呻吟？你能不屑太白的乡情？恐怕都不能。同样，对于他人的过错，在我们看来，可能令人无法原谅，但如果我们站在对方的角度考虑，可能你会发现，原来也是情有可原。

第二，自己的注意力从别人的错误身上转移，而关注自己内心的感受。其实，我们自己都清楚，我们无法原谅别人，只会对我们自身产生影响，我们会变得愤懑、痛苦，而对方却没有这样的感受。如果我们懂得爱惜自己，那么，就要懂得原谅，生气其实就是对自己的一种折磨。是否原谅，表面上看是个包容和胸襟的问题，其实，它是一个懂不懂得自爱的问题。在这样一个物欲横流、高速运转的社会当中，我们必定会受到别人的很多欺负、伤害、冤枉，但我们千万不要伤害自己。

从另外一方来说，对于犯过错、已经悔过自新的人，如果我们不懂得宽容他们，而是继续以一种另类的责备的眼光看待他们，给他们贴上"罪人"的名片，全盘否认别人的同时，你得到了什么？选择原谅，情况会循一条神奇的轨迹转变。当我们改变了，别人也会跟着变。我们改变待人的态度，别人也会

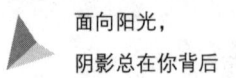

调整他们的行为。在我们修订对事物观点的同时,别人也会随着我们的新期望做出反应。

总之,宽容是一种美德,是对犯错误的人的救赎,也是对自己心灵的升华。不要总是想着对方如何得罪了你,给你造成了多少的损失,想想对方是不是值得要你去如此发火。他是故意的还是无心的?平日待你如何?给对方一个机会,就是给自己一个机会。对于一些人,原谅,远远要比惩罚来得有效。也许对方只是一时的失误,也许只是一闪而过的歪念,人总有犯错误的时候,宽恕他人就是救赎自己!

忘却仇恨,放下心中的石头

幸福永远是人类追求的终极目标,而与幸福相对的就是痛苦,痛苦从何而来?其中一个重要源头就是仇恨,它是你感情上的累赘。也许你所恨的人,或者他曾经对你的伤害并不是有意的,而仇恨却使你产生报复的行为,反过来,被伤害的对方也会再次拿起反抗的武器,正所谓冤冤相报何时了?将心比心,你也知道恨一个人的痛苦,何必要多一个让自己痛苦的理由呢!

因此,面对他人的伤害,不妨放下吧,别把恨意放在心里，它会让你失去理智，仇恨有什么意义呢？何不放下它，保留一个完美的结局，而非"两败俱伤"。当你放下仇恨的时候，你会发现，你的内心格外明亮，会发现做人原来是这样轻松惬意，幸福心情是这样垂手可得，人生是这样美妙神奇。

我们再看下面一个故事：

从前，有一位德高望重的禅师，每年，他所在的寺庙都会有很多香客前来烧香拜佛或找禅师解惑。

这天，寺里来了一些人，这些人告诉禅师，自己内心都藏有仇恨，并且被仇恨折磨得很痛苦，希望禅师能给予良方，加以消除痛苦。

禅师听他们诉说完以后，只是笑着回答："我屋里有一堆铁饼，你们把自己所仇恨的人的名字一一写在纸条上，然后一个名字贴在一个铁饼上，最后再将那些铁饼全都背起来！"大家不明就理，都按照禅师说的去做了。

于是那些仇恨少的人就只背上了几块铁饼，而那些仇恨多的人则背起了十几块，甚至几十块铁饼。

一块铁饼有两斤重，背几十块铁饼就有上百斤重。仇恨多的人背着铁饼难受至极，一会儿就叫起来了："禅师，能让我放下铁饼来歇一歇吗？"禅师说："你们感到很难受，是吧！你们背的岂止是铁饼，那是你们的仇恨，你们的仇恨你们可曾放下过？"大家不由得抱怨起来，私下小声说："我们是来请他帮我们消除痛苦的，可他却让我们如此受罪，还说是什么有德望的禅师呢，我看也就不过如此！"

禅师虽然人老了，但是却耳聪目明，他听到了这些人的抱怨，但却一点也不生气，反而微笑着对大家说："我让你们背铁饼，你们就对我仇恨起来了，可见你们的仇恨之心不小呀！你们越是恨我，我就越是要你们背！"有人高声叫起来："我看你是在想法子整我们，我不背了！"那个人说着当真就将身上的铁饼放下了，接着又有人将铁饼放下了。禅师见了，只笑不语。终于大部分人都撑不住了，一个个悄悄地将身上的铁饼取些出来扔了。禅师见了说："你们大家都感到无比难受了，都放下吧！"大家一听立即将铁饼放了下来，然后坐在地上休息。

禅师笑着说："现在，你们感到很轻松，对吧！你们的仇恨就好像那些铁饼一样，你们一直把它背负着，因此就感到自己很难受很痛苦。如果你们像放下铁饼一样放弃自己的仇恨，你们也就会如释重负、不再痛苦了！"大家听了不由得相视一笑，各自吐了一口气。

禅师接着说道："你们背铁饼背了一会儿就感到痛苦，又怎能让仇恨背负一辈子呢？现在，你们心中还有仇恨吗？"大家笑着说："没有了！你这办法真好，让我们不敢也不愿再在心里存半点仇恨了！"

正如禅师所说，仇恨是重负，一个人不肯放弃自己心中的仇恨，不能原谅别人，其实就是自己在仇恨自己，自己跟自己过不去，自己让自己受罪！仇恨越多的人，他也就活得越痛苦。一个人没有仇恨之心，他才能活得快乐！因此，从现在起，如果你心头有恨，不妨放下吧，放下之后你会发现，你就像卸下了一块大石头一样轻松。

人类是这个世界上情感最为复杂的动物，人们宽容、善良，有爱心，但却同样有一些负面的情感，例如仇恨。仇恨是人类情感的毒素，仇恨所产生的报复行为在这个世界上随处可见。因为仇恨，有些人嗜杀他人的生命；因为仇恨，亲人间反目成仇；因为仇恨，朋友间老死不相往来。仇恨的后果是危害社会，使人被伤害，同时自己也被伤害。仇恨吞噬生命、肉体和精神的健康，冤冤相报是我们所不愿看到的。看穿历史和现实的愤懑仇恨，我们发现，仇恨已是往事，何必执拗？放下它，不仅释放了别人，更释放了你自己。而那些心怀仇恨的人与奸诈的人看似受不到别人伤害，但是"毒素"首先伤害的便是他们自己。

"爱人者，人恒爱之"。仇恨则使人们相互倾轧、相互远离，是让我们相互依存的同盟分裂、瓦解的东西，所以，放下仇恨，放过别人，也放过自己。生活中的许多小摩擦、小误会你大可以一笑了之。与人为善，也就与己为善；与人方便，即与己方便，或许你会因此活出自己的新天地。

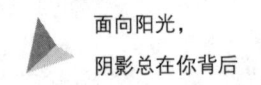

学会感谢那些曾经伤害你的人

哲人曾说，我们的生命就是一个破茧成蝶、不断蜕变的过程，我们的身心只有在经过不断历练、折磨之后，才会变得更加坚强，生命的厚度才会因此拓宽。法国文豪罗曼·罗兰说："从远处看，人生的不幸、折磨还是很有诗意的！一个人最怕庸庸碌碌地度过一生。"因此，学会感恩逆境，我们的内心就会变得轻松、强大，我们便能以一种更积极的心态寻找出路。

同样，追逐成功的过程中，我们也总会遇到折磨我们的人。此时，唯有忍耐和感恩，才能让我们正视折磨，正视脚下的路。可以说，会感谢折磨自己的人，才是真正能够领悟成功的人。

的确，即使你是个人际关系再好的人，你也会有几个"仇人"，或许他们就是绊倒你的人，或许他们让你身负重债，让你背黑锅，让你活得不清闲。这时候如果你光是恨，那么你永远无法从中学到该学的，也永远不懂自己为何失败。事实上，从宏观或整个人生大格局的角度来看，你的这些仇人，也正是你的恩人。好好感谢他们吧！也许就是因为当初他们对推你下水，你今天才学会"游泳"。

的确，人生的道路上，没有暴风雨的洗礼，就没有雨后绚烂的彩虹；没有荆棘密布的丛林，就没有坦荡的阳光大道。

如果你已经顺利地走向成熟，那么，你应该发自内心地感谢那些苦难，尤其是那些伤害和折磨过你的人，因为正是他们才使你更快地走向成熟。其实，不管是苦还是乐，是喜还是悲，都只是人们因为心态不同而产生的不同感受而已。只有苦过、乐过，才能知道人生是在弹指一挥间，仓促得让我们必须用心珍惜。走过人生的漫漫长路，蓦然回首，你会发现自己的内心深处始终牢记着走过的那段艰难岁月，而在不经意间，你早就已经忘记曾经的他人给你带来的痛苦，它已经在不知不觉间变成了淡然的一笑！这就意味着，你已经成熟了、淡然了！生活给每个人都留下了成长的痕迹，很多时候，那些深深的烙印会在不经意间变成淡然一笑。

换位思考，体谅他人

前面，我们已经分析过宽容对于我们自身心智发展的重要性，我国传统文化一直提倡"宽以待人"这一美好品德，这更是一种值得提倡的为人处世之道。有道是"唯宽可以容人，唯厚可以载物""水至清则无鱼，人至察则无徒""海纳百川，有容乃大"。

那么，什么是宽以待人呢？一般来说，宽以待人的精髓就是"宽",就是要以宽容的态度对待他人。待人接物,不求全责备,不吹毛求疵,而是尊重他人的个性,体谅他人的难处,欣赏他人的优点和长处,包容他人的缺点与不足。

要做到宽以待人,首先就要我们懂得换位思考,体谅他人。

如果有人做了让你愤怒的事情,你必然会生气,但你若能站在对方的角度上想一想,那么,你会发现,事情则可能是情有可原。因为每个人都有自己的困难和压力,也许当时他正在应付紧张局面,也许家里发生了一些事情,让他焦头烂额……了解清楚了,你就会同情他,把他看作有错的能干人,正在跟你一样努力活着,这样一想,就完全冷静下来,愤怒情绪就不存在了。

我们在与朋友交往的过程中,凡事要多从对方角度考虑,学会换位思考,从而消除人际间的不和谐因素。

事实表明,一个人坚持宽以待人,不仅能为他人带来方便,也有利于自身的心理健康,等你获得了良好的人际关系后,你就能够排除消极心理,愉快地面对人生、投入工作;就能够开阔胸怀和眼界,赢得更多的朋友和支持,获得更大的发展空间和更多的成功机会。

具体来说,你可以这样做:

1. 凡事多询问对方的意见和想法

询问与倾听,不仅能防止我们为了维护自己的权利而侵犯他人，还能帮助我们鼓励对方说出自己真正的想法，从而了解他们的愿望与感受。一个懂得沟通艺术的人，都是善于通过倾听来获得他人好感的。

2. 说话要有耐心

耐心地说话，不仅有利于对方听懂你的意见，还能让你慢条斯理地理清思绪。生活中，人们经常因为没有花时间系统地质疑自己的先入之见而身陷糟糕的交谈中。心理学家把这种急切的心态称为"确认陷阱"——他们没有去寻找支持自己想法的证据，同时又忽视了那些能证明相反意见的证据。

3. 学会换位思考，也就是要理解对方，理解爱

每个人都有自己的情感世界，都希望得到别人的理解，也希望理解别人。理解是一座桥梁，是填平人与人之间鸿沟的石土。

例如，在你和他人发生争执的时候，你特别想驳倒对方，或者希望对方自己承认错误，总之，在解决类似的问题时，是否"体谅"对方会直接导致不同的结果。

的确，人们交往之间，总有许多分歧，面对这一分歧，我们不少人往往可能会手足无措。这时候，就需要从对方的角度看问题，如此你会发现，你变成了别人肚子里的蛔虫，他所思所想、所喜所忌，都进入你视线中。在各种交往中，你都可以从容应对，要么伸出理解的援手，要么防范对方的恶招，这样大概就胜券在握了。

第 5 章
心向善良,善良是世间开出的最美的花

心理学家马修·杰波博士说:"快乐纯粹是内发的,它的产生不是由于事物,而是由于不受环境拘束的个人举动所产生的观念、思想与态度。"所以心怀善意,你眼里的世界就是美好的;而以"恶毒""邪恶"的心去揣度他人,周围的人就都别有用心、刻薄恶毒,生活也往往一团黑暗。因此,我们每一个人,都要心存善念,人只要心存善念便不会投机取巧、攀前附后;没有贪欲和害人之心,有怜悯、慈爱之德,能善解人意,尽本分;心存善念,处世就大度,眼中看到的将永远是美好、善良的一面。如果人人都有这样的善念,那么,人与人之间的交流将会更加平和安详。

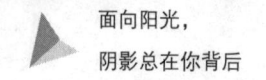

善良让人内心更为快乐安然

中国人常说："人之初，性本善。"这是我们耳熟能详的一句话，这句话是要告诉我们，对于每个人来说，善良都是一种本能。因此，我们每个人，待人处世，都要心存善良，但行善并不是为了得到回报，而是为了让心更为快乐安然。

一位智者曾经说过：善良是一种远见，一种自信，一种精神，一种智慧，一种以逸待劳的沉稳，一种快乐与达观……只要我们自己本身是善良的，我们的心情就会像天空一样清爽，像山泉一样清纯！因此，在我们的一生中，无论我们走到什么样的人生高度，都不要将"善心"抛弃。这样，无论你走得多远，都不会迷失本性，同时你也会获得一份内心的安宁。

生活中的人们，当遇到需要帮助别人的时候，你是否愿意停下来为他们想想办法？或许在不经意间，受帮助的不仅是别人，还有你自己——爱加上智慧是能够产生奇迹的。其实任何一次助人行为，都是完善自我、实现自我价值的机会，怎能不出于自愿？一个人若想真正做到内心无私地对他人付出，首先就必须具备善心。

第5章
心向善良，善良是世间开出的最美的花

实际上，我们周围一直都不缺乏那些为他人、为社会贡献力量的善良的人。例如，2008年汶川地震后，多少热血青年身赴灾区，帮助那些深陷困境中的人、支援灾后重建工作；很多创业者成为成功的企业家后，却不忘回馈社会，用自己的力量支持慈善事业；一些闹市中的青年，在忙碌之余，会带上自己的爱心来到孤儿院、敬老院，为弱势群体带来欢乐……善心是人类与生俱来的本性。的确，人的内心充满至深至纯的幸福感，不是在满足自我，而是在满足"他人"的时候，自己的观点也得到了认同。

当然，为他人付出并不是停留在口头上，而是要付诸实践的。平素人们都说德行，何为德？何为行？德是个人的高尚情操，是先天品赋，但并非所有的人生下来就具备好的品性，故需要后天扎扎实实地修养，也就是行，所以德需要行，才能为善，不然的话，德就是一个空洞的东西，未能为善的德只能是伪善。行是行为，善是无私，行为的无私就是行善，积德是行善的必然结果，与对方没有关系，利于别人的行为与思想就是善！

另外，我们在为他人付出时，不要总想着回报，也不要因为没有回报或回报甚少而不对他人付出。因为能付出的人，不求回报也是富有的。为他人付出，可以使人在精神上产生愉悦和快乐。实际上你在做好事和有益的工作时，不管是有意还是无意都会聚精会神全身心地投入，此时此刻你的脑海里会排除杂念和私欲，你的心灵会得到锤炼和净化。长期如此，当然有利于我们的身心健康和养生。

哲人说，善良是爱开出的花。善良是心地纯洁、没有恶意，是看到别人需要帮助时毫不犹豫地伸出自己的援助之手。对于高尚的人来说，他们的品性中蕴藏着一种最柔软但同时又最有力量的情愫——善良。

还有，为他人付出要从生活细节中开始。"勿以恶小而为之，勿以善小而不为。"赠人玫瑰，手有余香！愿意为他人付出的人，从来都被认为是正直的、善良的。当我们怀着一颗真诚之心善待我们身边的每一个人时，我们收获的也是真诚与善良，当然，还会有浓浓的爱！

助人为乐，多行善事

生活中，我们常被长辈或老师教育要助人为乐，的确，乐于助人是中华民族的传统美德，是一个人良好道德水准的重要表现，我们每一个人，都应该以培养并拥有这一品德为荣。

现代社会，我们常常看到这样一些现象，有些人在功成名就以后，并不是独享财富，而是扶弱济贫，将自己的财富奉献给社会，让那些物质贫乏者能接受自己的帮助，因为这些成功人士明白，真正的快乐并不是敛财，而是帮助他人。最终，他们都实现了自己的人生价值。香港首富李嘉诚就是这样做的。

你可能会认为，我没有李嘉诚那样的物质财富，对于社会，无法做到如此奉献。但真正的奉献不是用财富来衡量的。只要你不吝啬付出，在他人需要帮助的时候伸出援助之手，那么，你的人生财富也就在不断积累，你的人生就在不断充实！身为社会人，你还应从责任的角度看问题，你必须有一颗爱别人、爱社会、肯奉献的心，才能被人尊重，为人称颂！

具体说来，你可以从以下几个方面努力。

首先，你应学会关心他人。你可以从关心周围的人开始，例如你的父母、亲人、朋友等。一个人，如果连自己周围的人都不关心，又怎么可能关心其他人呢？因此，如果你的朋友需要你的帮助，千万不要袖手旁观，给予他实在的帮助并加以安慰。在这种举动中，你将会体验到帮助别人的快乐。

其次，要表达自己的真诚和关切。帮助别人，不要表现出太强的目的性，你的关心应该是真诚的、发自内心的，这样才能使别人愉快地接受，我们才会得到心灵的满足和愉悦。

最后，生活中，我们要多为别人设想。即使帮助他人，你也不应该表现出高高在上的姿态，这样会伤害到他人的自尊。另外，要先设身处地地为别人着想，再为其提供帮助，只有这样，我们才能恰到好处地帮助别人，而不会出现好心办坏事的

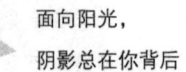

情况。

当然,助人的最直接的方式还是经常参加一些慈善活动或者助人的社会实践活动。

总之,助人为乐是一个人思想境界的行为体现,是一种精神的升华。有名言说得好:关心他人,竭尽全力去帮助别人,会使人变得慷慨;关心别人的痛苦和不幸,设法去帮助别人减轻或消除痛苦和不幸,会使人变得高尚;时常为他人着想,会丰富自己的生活,增加自己的涵养,最终,我们会收获更多的快乐!

心怀悲悯,利他向善

中国人常说,人之初,性本善。也就是说,最初的人性是向善的。自古以来,善良一直都被人们推崇为一种高贵的品质,那些行善积德、心怀悲悯的人也一直被人们所敬仰。事实上,一个内心充满慈悲心的人不但能获得他人的认可,更为重要的是,他们的心境得到了提升。

也许有人会说,这个社会到处是尔虞我诈,慈悲心早已荡然无存。但这只是个例,我们的生活中处处存在美与爱。我们每天都能看到初升的太阳,那是自然之美。我们每天都能拥有他人的关爱与帮助,这是人性之美。

第 5 章
心向善良，善良是世间开出的最美的花

人生匆匆，我们每个人的一生中，都会有无数个过客，尽管是匆匆而过，但他们却为我们留下了一分爱，一分帮助，虽然他们的帮助可能只是举手之劳，也可能很渺小，但却让我们感受到了温暖，或许这就是爱的魔力。人类最无私的美丽，能让这个世界远离浑浊、走向光明。反过来，如果我们都能心怀悲悯，对他人的难处感同身受，并伸出援手，那么，我们生活的这个世界会因为爱而变得更美丽。

曾经有一位成功人士，在他的人生中，有这样一次经历：

那段时间，他因为肿瘤动了手术，出院后，进了一家寺庙修行。那段时间的修行是很艰苦的，但却给他留下难以忘怀的记忆。

当时，他在那家寺庙的主要工作就是布施化缘。这个工作是很辛苦的，天气寒冷的时候，他只穿着草鞋、披着斗篷，出去化缘，他的脚都被划破了，但他还是强忍着疼痛，继续前进。走了很长时间后，他已经毫无力气了，正当他准备返回时，他遇到了一件事。

在街角，有个年迈的打扫大街的老婆婆，来到他的跟前，给他的行囊中放了500日元的硬币。

就在那一瞬间他被感动了，他的心里顿时充满了难以名状的幸福感。

后来，他从寺庙离开，回归到正常生活。当人们问及这件事，他回答："虽然她也很贫穷，但当时却丝毫不犹豫，或者那500日元是她全部的资产，她的心灵是多么美好，这是我65年以来第一次感受到的来自灵魂的震撼，通过她自然而然的慈悲行为，我感觉自己触摸到了神佛的爱。"

把自我利益置于一旁，首先对他人流露出悲悯之心——老婆婆的行为是微不足道的，但它却是人世间思想和行动中最善最美的举动。

当然，有个问题必须注意，即对他人的悲悯，不应该只是挂在终日喋喋不休的嘴边，而是要镌刻在心里。以仁爱之心去爱人，无论是对我们的朋友或者曾经的敌人，用我们的真诚去打动每一个人，即使真的做一次东郭先生又何妨？再凶恶的豺狼也有其善良的一面。

因此，生活中的每个人，都应该以故事中的老婆婆为榜样，心怀悲悯，并且多做利于社会、利于他人的事，而且，在必要时候，还要牺牲一些自己的利益。你可以从身边做起，帮助那些需要帮助的人。如生活中，人人都会遇到一些困难、矛盾和问题，都需要别人的关心、爱护，更需要别人的支持、帮助。这个时候，如果我们每个人都能主动关心、帮助他人，从自己做起，从小事做起，从现在做起，使助人为乐在社会上蔚然成风，那么，你就能随时随地得到他人的帮助，感受到社会的温暖。

心存善念，以仁爱之心待人

生活中，你是否有这样一种体验：当我们与一些谦恭之人交谈时，会有一种如沐春风的感觉。反过来，如果我们也能待人亲和，有仁爱之心，他人也会有如沐春风的感觉。那么，什么是"仁爱之心"呢？佛教里是指"善待他人"的慈悲之心，基督教里是指爱。更简单一点说，是"奉献于社会，奉献于人类"。当然，你还需要将这种爱贯彻到生活中的方方面面，而不是挂在嘴边，要以仁爱之心去爱人，去奉献社会。

事实上，我们在现实生活中，也会遇到某些人蓄意阻挡我们前进，然而，大多数情况下，双方都是因为阴差阳错而交恶。在这种局面下，我们不能采取针尖对麦芒的方式，而应该学会调整自己的心态，然后采用友善的态度来催眠对方，如此，不仅能避免两败俱伤的局面出现，还有可能找到一条让双方共同前进的道路。

为此，我们就要做到：

（1）要用友善的态度对人。在与人交谈的时候，要多考虑对方的感受，不要轻易地说出让他人心情不悦的话，更不要随便当面指出对方的缺点，即使他人有什么过错，也应该迂回、委婉地指出来，让他人感受到你的善解人意，这样才能取得别人更多的信任和喜爱。

（2）与任何人交往，都不可太过感性。如果只与那些说好话的人交往，就有可能会掉进奉承的陷阱里，而交不到真正的朋友。

（3）应该放宽自己的眼界，不要只与自己喜欢的人交往。因为很多我们不喜欢的人，却是能激励我们成长的人，他们常常忠言逆耳，常常不厌其烦地指正我们的行为，他们能推动我们前进的步伐，所以我们不能拒绝与他们交往。

总之，人生路上，无论你走到什么样的人生高度，都不要将"善心"抛弃，这样，无论你走得多远，都不会迷失本性。

赠人玫瑰，犹有余香

印度有句古谚："赠人玫瑰之手，经久犹有余香。"当我们帮助别人的时候，虽说看似自己付出了，但是，我们却能收获一份难得的快乐。如果我们仅仅只知道收获，而不懂得付出，那么我们就会失去快乐。即使帮助了别人，自己也没有获得任何回报，但是，那份精神上的快乐是任何东西都无法替代的。所以，学会帮助他人吧，让自己获得非同一般的快乐。

哲学家曾说，在这个世界上，既没有无缘无故的失去，也没有无缘无故的获得，有时候，我们失去了物质却换得了精神上的超额快乐；有时候，看似自己占了便宜，却不知不觉中透支了精神的快乐。在现实生活中，不少人为善不欲人知，为别人低调地做着各种各样的事情，而他们却收获了一种非比寻常的快乐。

在某印度研究所，一位教授教导学生：要学会布施。他总是向学生讲述这样一个故事：

从前，有一个十分吝啬的人，他从来没有想过要给别人东西，连别人叫他说"布施"这两个字，他都讲不出口，只会"布、布、布……"大半天过去了，他还是"布"不出来，好像自己一讲出这两个字就会有所损失似的。但是，唯一让他感到纳闷的是，比他还要穷的人都生活得快乐幸福，但他却不知道幸福的滋味。

佛陀知道了这件事，就想去教化这个吝啬的人，佛陀来到他住的城镇，开始宣扬"布施"。佛陀告诉大家布施的功德：一个人这辈子会富有，比别人长得漂亮，所有一切美好的事物，都跟他上辈子的布施有关。那个吝啬的人听了佛陀的话，心里很有感触，但是，自己就是布施不出去，他为此而感到懊恼。

于是，他跑去找佛陀，对佛陀说："世尊啊！我很想布施，但是，就是做不到，你能告诉我该怎么办吗？"

佛陀在地上抓了一把草，将草放在那个吝啬人的右手，然后要他张开自己的左手，告诉他说："你把右手想成是自己，把左手想成是别人，然后把这草交给别人。"

可是，那个吝啬的人一想到要把这草给别人，他就呆住了，心里不舍得拿出去。他看了看自己的左手，赫然发现：

"原来左手也是我自己的手。"他心里豁然开朗,一下子就把草交出去了,他明白了自己把草交给别人其实很简单。

佛陀笑着说:"现在你就把草交给别人吧。"那个吝啬的人将草真的交给了别人,在生活的不断实践中,他学会了将自己的财物布施给别人,最后把自己的房子也布施给了别人。当然,他的身心也获得了一种从来没有体验过的幸福与快乐。

这位教授的故事讲完了,但是,他的布施还没有结束,他的一生都在践行着自己的人生哲学。一个人无法给予另一个人真正的发自肺腑的温暖,就不可能有精神的美。

马克·吐温曾说:"善良的、忠实的心里充满着爱的人,不断地给人间带来幸福。助人为乐者,他们拥有一颗充满爱的心,而爱的力量是最伟大的,也是人间最美好的情感,谁拥有了它并付出了它,谁就拥有了一个最美的世界。"

爱默生也曾说:"人生最美丽的补偿之一,就是人们真诚地帮助别人之后,同时也帮助了自己。"其实,这里的帮助自己,很多时候是获得了心灵上的快乐。

如果你的快乐总量比正常人多一些,那是因为自己占有了别人曾经遗失的快乐;如果你的快乐总量少一些,那是因为自己的快乐曾经遗失了一些。有时候,我们会感觉异常烦闷或懊恼,这时候,你可以反思自己,是否我们在生活中遗失了快乐呢?自己的内心是否变得吝啬了呢?

# 第6章
活着就是要温柔着坚强,微笑着遗忘

有人说,人生如旅途,不会一帆风顺,总会有羁绊出现。莎士比亚说过:"聪明的人永远不会坐在那里为自己的损失而哀叹。他们会用情感去寻找办法来弥补自己的损失。"的确,活着就是要温柔着坚强,微笑着遗忘那些羁绊。那些不如意,难免会使我们悲伤,我们只有勇敢一点,学会放下那些悲痛和忧伤,才会让内心充满快乐,才能继续前行。

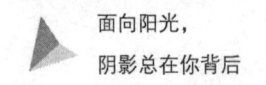

别沉湎于过去,让生命回到现在

有人说,人生就如同一杯泡好的清茶,有浮有沉,有高有低,既有高高在上的显赫与辉煌,也有不高不低的平凡,甚至还有在人生低谷时受到的打击,感觉前途灰暗时的自卑与放弃。但人生又能有几次大起大落?如果缺少这些快乐与痛苦、伤心与激动,那一个人的一生还能叫作完整吗?但凡为人也都不可能一帆风顺。他们走过许多坎坷,许多悲伤,许多忧虑……当然,无论如何,我们都不能沉湎于过去,而应该回到今天。因为人不能活在未来,未来是未知的,非常神秘;人也不能活在过去,因为过去已经成为历史,一去不返,无法改变。人唯一能够真切把握的就是今天,所以我们要活在当下。

很多时候,人们无限憧憬美好的未来,把一切希望都寄托在虚无缥缈的未来上,因此浑浑噩噩地生活;很多时候,人们因为过去所犯的错误而久久不能释怀,甚至因此而惩罚自己。其实,这两种做法都是不正确的,正确的做法是把握好今天,活在当下。假如一味地沉湎于过去的往事,特别是那些不愉快的经历,不仅会破坏你的好心情,而且还会损害你的身体和心灵的健康。假如一味地沉湎于过去的光荣事迹，就会使你不停地抱怨现状。俗话说，好汉不提当年勇，正是为了让人们在今天再接再厉，更努力地生活。

事实证明，你越是念念不忘过去的那些事情，那些事情就会变得越来越沉重，你的心情也就会变得越来越糟糕。只有让过去的成为过去，彻底放下或者忘记，你才能轻松地继续前行。

很多时候，人们往往因为太执着，背负着太多的思想包袱，所以才会放不下。要想使自己变得轻松愉快、自由自在，就要尽量放轻松些，不要被沉重的思想包袱压得气喘吁吁。只有放下那些包袱，才能快乐地、轻松地享受生活，体会到人生真正的幸福。

不为昨天的错误流泪

生活中，我们每个人都难免会犯错，但人们在犯过一次错误后，多半都能从中吸取教训，找到错误的根源，从而避免再犯。因此，对于已经犯过的错，就不必自责，而应该学会总结经验教训。这就如同人们说的："不要为打翻的牛奶而哭泣。"你要明白的是，反思可以让你成长，但后悔无济于事。你需要做的就是，不断反思自己的过失，在反思中行进。

面向阳光，
阴影总在你背后

现实生活中，你可能经常会遇到这样的情况：某次团队合作中，因为你个人的疏忽而影响了整个团队的成绩，对此，你肯定很懊恼，但懊恼又有何用？不停地抱怨，不断地自责，你只会将自己的心境弄得越来越糟。尘世之间，变数太多。事情一旦发生，就绝非一个人的心境所能改变。伤神无济于事，郁闷无济于事，一门心思朝着目标走，才是最好的选择。相反，如果跌倒了就不敢爬起来，就不敢继续向前走，或者就决定放弃，那么你将永远止步不前。

泰戈尔说过："如果你因错过太阳而流泪，那么你也将错过群星。"的确，人生如变幻莫测的天空，刚才还晴空万里，转眼间阴云密布、倾盆大雨。但这些都是上一秒发生的事，人要向前看，不管过去多么悲伤失意，过去的总归过去，只有向前看，才会有希望。我们都应该记住泰戈尔的这句话，并把它作为鼓励自己前行的一句座右铭。年轻就是资本，无论昨天的你失去了什么，做错了什么，那都已经成为过去，你要做的是向前看，努力过好现在，充实自己，只有这样，你才会发现，你的前方就是一片群星。

美国作家哈罗德·斯·库辛写过一篇《你不必完美》的文章。在文中，他写了这样一个故事：

因为在孩子面前犯了一个错误，他感到非常内疚。他担心自己在孩子心目中的美好形象从此被毁，怕孩子们不再爱戴他，所以他不愿意主动认错。在内心的煎熬下，他艰难地过着每一天。终于有一天，他忍不住主动给孩子们道歉，承认了自己的错误。结果，他惊喜地发现，孩子们比以前更爱他了。他由此发出感叹：人犯错误在所难免，那些经常有些错失的人往往是真实可爱的，没有人期待你是圣人。

这个故事告诉我们：正视错误，才能令我们完整。因此，日常生活中的人们，不要太苛求自己，不要为昨天的错误而懊恼，如此，你才会活得轻松。

的确，人生就如四季的变化一样，有春夏秋冬的更替，才有不同的风景、不同的感受，因此，对于某个已经过去的季节的美丽风景，就不要再牵挂。走过了，也就是那一面之缘。那路过的风景，只是为了丰富你人生的经历。对于人生的风雨坎坷，保持一颗乐观的心吧。那样，你每天都会有个灿烂的好心情。

当然，当你犯错之后，总会心情不佳，这时要化沮丧为动力，你可以采取以下方法。

（1）仔细分析现状，找到自己的问题，不要怪罪于任何人；

（2）给自己的重新制订一份计划，这份计划必须考虑到前一次失败的原因；

（3）不免去想象一下自己在获得成果后的欢愉场景；

（4）收起那些曾经让你不快的记忆，它们现在已经变成你未来成功的肥料了；

（5）重新出发。

你可能要再三试行这五个步骤，然后才能如愿达成目标。重要的是每尝试一次，你就能够增加一次收获，并向目标更加进一步。

当然，我们不必为昨天的错误而流泪，并不意味着我们可以为自己的错误而推卸责任。相反，一经发现过错，我们就要勇于改正，这才是真学问、真道德。

什么是真正的过错？一个人有过错不要紧，过而能改，善莫大焉。如果有过错而不肯改，这才是真正的过错。

这一启示告诉生活中的你们，若想逐步完善自己，就必须戒除任何借口，主动改正错误。为此，你需要做到：

1. 挖掘出自己需要改进的地方

（1）性格弱点。人无法避免与生俱来的弱点，必须正视，并尽量减少其对自己的影响。例如，你独立性太强，可能在与人合作的时候，就会缺乏默契，对此，你要尽量克服。

（2）经验与经历中所欠缺的方面。"人无完人，金无足赤"，每个人在经历和经验方面都有不足，但只要善于发现，努力克服，就会有所提高。

2. 自我反省

当你获得一定的荣誉、取得一定的成绩后，最难能可贵的就是胜不骄败不馁，懂得自我反省，才会不断进步。

3. 直视自己，不要害怕犯错误

人无完人，所以，谁都有可能犯错。关键是你要告诫自己，下次不能再犯。相反，假设你在做事前，就谨小慎微，暗示自己决不能犯错，那么，你反而因为有心理压力而做不好，而且，害怕犯错误会让你倾向于掩盖错误，你会离谦虚这两个字越来越远。想要不再害怕犯错误就要从现在开始，正视错误并积极主动地改正错误。当自己犯错的时候，首先想到的就是怎样挽回，而不是怎样逃避。

总之，我们要做个凡事向前看并且善于自我反省和自我纠错的人，只有这样，才能够发现自己的缺点或者做得不够好的地方，然后加以改正，使自己不断进步，并能够扬长避短，发挥自己的最大潜能。

忘记过去的伤痛，开启新的生活

人生就像变幻莫测的天空，刚才还晴空万里，转眼间阴云密布、倾盆大雨。但这些都是上一秒发生的事，人要向前看，不管过去多么悲伤失意，过去的总归过去，只有向前看，才会有希望。

面向阳光，阴影总在你背后

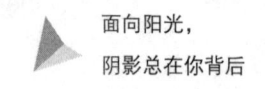

人活于世，谁都有不愿提起和想起的伤心往事，这被人们称为"旧伤"。它不像电脑程序一样可以被人删除、剪切，它只能靠我们自己来修复。那么，我们该怎样从心理的角度"修复"那些旧伤呢？

1. 不要强迫自己去忘记某件事情，把一切交给时间

忘记任何一件痛苦的事，都需要一个过程。因此，有时偶尔会想起它，其实也无妨。当你想起它时，你可以对自己说：那都是过去，看我现在多快乐啊！相比过去而言，现在的我是多么的幸福啊……人要往前看，往好处想。这样，随着时间的流逝，那些过去也就真的成为"往事"了。

2. 转移注意力，不给"旧伤"复发的空隙

你可以从现在起把你的时间排满，做一点别的事情来转移自己的思想。打开你的生活圈子，关心你的朋友、你的亲人。这样你会觉得快乐，痛苦的回忆也就无从想起。

3. 找到适当的发泄方式

你可以试着找真诚的朋友听你诉说心里的苦闷，多听听他人的意见，多从积极而乐观的角度去想事情，微笑着看待生命中的每件事。同时，你也可以找到其他适合自己的放松和发泄的方式，例如逛街、欣赏音乐、跳舞、跑步、看书等。

可见，乐观豁达的态度，无论对于你自己，还是生活在你周围的人，都能带来积极的情绪以及提高成功的概率。思维

心理学专家史力民博士指出:"乐观是成功的一大要诀。"他说,失败者通常有一个悲观的"解释事物的方式",即遇到挫折时,总会在心里对自己说:"生活就这么无奈,努力也是徒然。"由于常常运用这种悲观的方式解释事物,人们无意中就丧失斗志,不思进取了。

总之,我们需要知道,笑对人生,生活不会亏待每一个热爱它的人。生命是一次航行,自然会遇到暴风骤雨,那么,我们该如何驾驶生命的小舟,让它迎风破浪、驶向成功的彼岸?这需要勇气,需要以一种平常心去面对!

无论发生什么,怀着理解的心态微笑面对

人生在世,几乎每一个人都期望一帆风顺。人们希望的是,哪怕没有鲜花和掌声,也不要荆棘密布、狂风暴雨。其实,这是不可能的。人生,本身就是一场旅途,这场旅途中,既有平坦的大道,也有荆棘密布的小路;既有迷人的风景,也有险峻的环境。无论是疾病、贫穷还是天灾、人祸,我们都必须学会承受。事业失败,你要承受挫折;被朋友背叛,你要承受非议的磨难;为爱人付出很多,对方却离你而去,你必须承受失意的折磨……

每当这时，你也许会无比惶惑，你也许会绝望，想到过轻生，想到过放弃，想到过破罐破摔、得过且过……

其实，我们的一生正是因为磨难的出现才精彩。百无聊赖的人生，感受不到成功的喜悦，最终得到的是冰冷的失落。不曾遭遇失意和痛苦、欢乐和幸福，只能是表面的、脆弱的；经历磨难，而不能泰然处之，也就永远不会真正地、深沉地实现人生的辉煌。只因此，我们应该学会笑着接受生活所赐予的一切，当我们困于这种"不如意"之中，终日惴惴不安，那生活就会索然无味。与之相反，如果我们能以平和的心态面对，把那些磨难当成人生中的小插曲，那么，灿烂的主旋律必定会为你奏响。

古人说："哀莫大于心死。"一个人最可怕的莫过于心存放弃，这种灵魂的死亡比起躯体的死亡更为可怕。而唯有激励自我，方可焕发青春活力，扬起生命的希望之帆。

"天将降大任于斯人也，必先苦其心志，劳其筋骨，饿其体肤……"磨难，是人生乐曲中一个不可缺少的插曲。一个人要想有所作为就必须经历一番磨难，而且是比正常人更多的磨难。磨难，是智慧的启迪者，成功的锻造者。没有磨难的人生是枯燥的，是不完整的。然而，并不是所有的人都能正视磨难的作用，他们也就不能真正从磨难中有所收获。有的人变得更坚强，更富有战斗力，而有的人则会因此消沉，甚至堕落，变得麻木不仁。正如一位哲人说过的：磨难对强者是垫脚石，对弱者却是万丈深渊。

怀着反省和觉悟以及积极的心态回看自己，你就能带着耐心和勇气，一点点地拆开这包裹严实的包装纸，发现里面珍藏的真正的生命礼物。

说到底，决定人心态的是人的理想、人生观、世界观。一个大气的人就会具有远大的目标，拥有正确的人生观，就是要胸怀宽广、执着进取、挑战自我、不屈命运、坚信自己、积极思想。那么，我们一定能保持良好的心态，即使生活给予我们挫折，我们也要怀着理解的心态给它一个微笑！

从昨天的失败中走出来才能重新起航

人生苦短，须臾即逝，我们都希望一切顺遂人意，但这毕竟是我们的一个美好的愿望。事实上，成功与失败、悲伤与快乐总是交替着出现，正如天气一样，有晴就有阴，阳光不会一直照耀着我们；正如旅途一样，生命之旅程不会一帆风顺，总会有羁绊出现。那些羁绊、失败，难免会使我们悲伤，我们行走在人生的路上，只有学会放下失败带来的负荷，才能调整心态，重新向明天进发。若我们把那些过往都逐个装进行囊，那

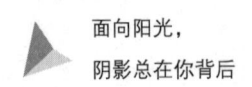

么，恐怕我们脚下的路会越走越艰难，步子也会越来越沉重。

然而，现实生活中，总有人一味沉溺在已经发生的事情中，不停地抱怨，不断地自责。这样一来，只会将自己的心境弄得越来越糟。这种对已经发生的无可弥补的事情不断抱怨和后悔的人，注定会活在迷离混沌的状态中，看不见前面一片明朗的人生。

一天，某心理医生接到一个女孩的电话，电话接通后，那头就传来女孩的哭腔说："我真的什么都不行！"

心理医生很快感受到女孩痛苦、压抑的心情，于是，他亲切地问道："真的是这样吗？"

女孩好像对自己特别失望："是的，在学校，我不善和人打交道，同学们都不喜欢我。我成绩不好，老师也从不正眼看我。妈妈很辛苦地供我读书，希望我能出人头地，但我的考试成绩却一次次地让她失望。就连我喜欢的男孩子也不喜欢我。你说我是不是很失败，我现在都不知道接下来的路该怎么走了……"

心理医生追问："是这样啊，那你为什么要给我打这个电话呢？"

女孩继续说："我也不清楚，也许是我压抑得太久了，想找个人倾诉吧，这样也许会好过点。"

心理医生明白，这个女孩的问题正在于——习得性无助，却又缺乏鼓励。假如一个人长时间在挫折里得不到鼓励与肯定，就会逐渐养成自我否定的习惯。

接着，心理医生说："可是从我们这一段简短的对话中，我发现你真的有很多优点。你善良、懂事、逻辑思维能力和语言表达能力都很好。我真是不明白你为什么会觉得自己什么都不行？"

女孩好像很吃惊，她惊讶地问："不是吧？这都能算优点？那为什么没有人告诉过我呢？"

心理医生回答："那么，请记住我的话，从今天开始，你每天都要记下自己的一些优点，最少要写10条，然后大声地念出来。还有，如果发现自己新的优点，一定要补充上。"

其实，在生活中，也有不少人像这名女孩一样，在经历过一些挫折之后，便开始自我否定，认为自己什么都不行。我们每个人都要积极地认识自我，摆脱这种习得性无助，你才能真正变得坚强。正如罗伯特教授所说的，人们的受挫能力是有一定极限的，人们在经受了长期的挫折影响后，便容易对自己的能力产生怀疑，对失败的恐惧远远大于对成功的希望。但无论如何，请你都要避免这样的心态，正确评价自我，才能树立自信心，走出困境，成为一个坚强的人。

尘世之间，变数太多。事情一旦发生，就绝非一个人的心境所能改变。伤神无济于事，郁闷无济于事，一门心思朝着目标走，才是最好的选择。相反，如果跌倒了就不敢爬起来，就不敢继续向前走,或者就决定放弃,那么你将永远止步不前。

放下昨天失败的负担才能重新起航。朋友,别以为胜利的光芒离你很遥远,当你揭开悲伤的黑幕,你会发现一轮火红的太阳正冲着你微笑。请用一秒钟忘记烦恼,用一分钟想想阳光,用一小时大声歌唱,然后,用微笑去谱写人生最美的乐章。

忘记过去的成功与失败,给自己一个全新的开始,我们便会从未来的朝阳里看见又一次成功的契机。别囿于曾经或者眼前的困境,任何时候都要有从头再来的勇气。无论你在人生的哪个时刻,被命运甩进黑暗,都不要悲观、丧气,这时候,你体内沉睡的潜能最容易被激发出来。放下痛苦才能赢得幸福,放下烦恼才能赢得欢乐,放下忧郁才能赢得开朗,放下悲伤我们才能走出阴影。

总之,快乐的人总会给自己创造快乐,悲伤的人也总让自己变得悲伤,不是生活让你怎么样,而是你使得生活怎么样。我们每个人都有属于自己的快乐,只是需要你去找到它,那么幸福就在我们的不远处。

第7章
不必焦虑,凡事顺其自然才能从容自在

有人说,生活就是一个体验的过程。的确,生活中,有浮有沉,有高有低,但无论如何,我们都要从容、积极地面对,如同明早,太阳依旧会如时升起。而焦虑、担忧只会阻碍我们前进的步伐,我们依然要追求心中理想的生活方式、生活目标,积极一些,乐观一些,努力一些!

面向阳光,
阴影总在你背后

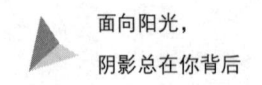

你所担心的事,百分之九十九都不会发生

有人说过这样的话:人生的冷暖取决于心灵的温度。然而现今社会,忙碌、紧张的生活让很多人生活在对明天的恐惧中:要是我失业了怎么办?这个月的房贷又该还了,我好像又老了……我们所担忧的问题实在太多了,这些情绪会一直纠缠着我们,哪有快乐可言。而那些快乐者,他们始终能淡然面对一切,每天都开心地生活。

提到焦虑,有些人根本毫无意识,有些人却如临大敌。如此严重两极分化的态度,让人惊讶。至于焦虑是否值得人们担心,回答当然是肯定的。还有些人对于焦虑避之不及,仿佛焦虑是多么严重的瘟疫,一旦沾染上就无法清除。实际上,焦虑根本不像我们想象的那么可怕。焦虑也是人的正常情绪之一,适度的焦虑还能刺激人们更加积极奋进,也能帮助人们以更好的状态接受新鲜事物。当然,过度焦虑则会让人坐卧不安、心神不宁,甚至影响我们正常的工作和生活。在这种情况下,我们必须把握好焦虑的度,才能防止焦虑的负面作用发生,尽量使其发挥正面作用。

从本质上来说,焦虑是对即将发生的事情的恐惧。大多数焦虑的人中,只有很少数人是因为已经发生的事情焦虑,大多数人都是因为还未发生的事情感到担忧。焦虑是防御心理机制下的综合情绪,轻度的焦虑没有明显症状,严重的焦虑却会影响人们的工作和生活,扰乱社会秩序。很多人还会因为焦虑而失眠,这就说明焦虑已经变得相当严重,必须引起人们足够的重视。通常情况下,生活中的焦虑都是暂时性的。例如当你因为即将到来的考试而焦虑,等到考试结束就会觉得身心轻松。如果因为你即将举行婚礼而焦虑,那么等到婚礼结束也会变得从容。由此可见,很多焦虑是因为某些事件即将到来而引发的,完全无需担心。

那么,总是为明天担忧的失眠者该怎样才能做到让心安宁、不再忧虑呢?

(1)尝试着让自己安静下来。如果你的心无法安静的话,你可以尝试着先换一下环境,然后闭上双眼,深呼吸,慢慢地放松,多尝试几次会好点。

(2)如果你因为想一个问题想得太过于复杂的话,可以尝试着问自己,自己想这个问题究竟是为什么,是什么让自己变得这样,多问几次后,自己就可以了解自己的困惑,从而从心底去除这个杂念。

(3)养成良好的睡眠习惯。如果你是"夜猫子"型的,奉劝你学学"百灵鸟",按时睡觉按时起床,养足精神,提高白天的学习效率。

(4)学会自我减压,别把成绩的好坏看得太重。一分耕耘,一分收获,只要我们平日努力了、付出了,必然会有好的回报,又何必让焦虑占据心头,去自寻烦恼呢?

(5)学会做些放松训练。舒适地坐在椅子上或躺在床上,然后向身体的各部位传递休息的信息。先从左脚开始,使脚部肌肉绷紧,然后松弛,同时暗示它休息;随后命令脚脖子、小腿、膝盖、大腿,一直到躯干都休息;之后,再从脚到躯干,然后从左右手到躯干;最后,再从躯干开始到颈部、头部、脸部全部放松。这种放松训练的技术,需要反复练习才能较好地掌握,而一旦掌握了这种技术,会使你在短短的几分钟内,达到轻松、平静的状态。

总之,当你心中忧虑、无法安宁、备感苦恼时,相信以上几点方法能帮助到你。

当然,要放下为明天担忧的苦恼,还要树立积极达观的人生态度,就要从自身做起,培养出一种艰苦奋斗、开拓进取的精神品质。要树立积极达观的人生态度,就必须把个人的成长与社会的发展紧密地结合起来,从个人狭小的生活天地里走出来,从而实现崇高的人生目标。

你为什么如此焦虑和恐惧

提到焦虑,想必我们每个人都曾有过经历,也曾遭遇过焦虑的压迫,在整个社会中,焦虑都四处蔓延。其实,如果每个人都把心中的焦虑情绪列成一个清单,那么全世界的人的清单一定能够围绕地球无数圈。毋庸置疑,每个人都有很多焦虑,甚至可以说生活就是由一个又一个焦虑组成的。既然如此,不要再抗拒焦虑,而要采取正确的态度面对焦虑,这样才能坦然从容地生活。

那么,我们的焦虑从何而来呢?

尼采说:"世间之恶的四分之三,皆出自恐惧。是恐惧让你对过去经历过的事苦恼,让你惧怕未来即将发生的事。"尼采这句话透露了恐惧的本质,冲破恐惧,靠的是我们自己的心,做到不念过往、不畏将来,我们也就放下了那些烦恼。在这浩瀚无边际的宇宙里,当我们驻足回首转望时,发现原来我们也和所有世人一样,是那么的渺小,甚至比一粒微尘还小。我们以后还会经历数不清的无奈、遗憾、痛苦和悲伤,但无论如何,我们都要勇敢。

为了帮助人们解开恐惧之谜,曾经有心理学家对于人们的恐惧心理展开追踪调查。结果显示,有一部分人的恐惧,其实是因为曾经受到过的伤害;还有一部分人的恐惧,是害怕去面对未来。不管因何而起的恐惧，都深深地影响了我们的生活，让我们无法自拔。

既然恐惧的病根在我们的内心深处，那么消除恐惧唯一的办法，就是治疗我们的心病。和焦虑相比，恐惧的程度更加强烈。恐惧的体验，往往使人们瞬间脸色苍白，也使人们不知不觉间就浑身颤抖。由此可见，和最初的焦虑毫无症状相比，恐惧对人的影响更大，也更加来势汹汹。

娜娜特别怕水，但是这次蜜月之旅，她还是和丈夫选择去马尔代夫，现在看来并不是明智之举。

其实，她的丈夫小海之所以坚持要到马尔代夫度假，主要也是想帮助妻子克服这一心理障碍。

这天，在小海的坚持下，娜娜与他一起来到海滩。海滩上人很少。小海牵着娜娜的手，与她一起走在海滩上。很快，随着海浪一波一波地扑过来，娜娜的手心沁出了细密的汗。

小海笑着说："你看看，你老公的名字就与海有关，你还这么怕水。明天我带你去游泳吧，其实没什么可怕的，我是业余游泳的冠军，一定能保护你的安全。"娜娜吓得连连摆手，说："我就在岸边晒晒太阳，等着你吧。"小海狡黠地笑了，暗暗下决心一定要把娜娜怕水的恐惧心理克服掉。

当天晚上，酒店经理已经在他们入住的总统套房里为他们准备了玫瑰花浴。在柔和的灯光下，娜娜与小海一起享受洗浴的快乐。不想，小海突然端起事先准备好的一盆温水，对着娜娜迎头浇下。娜娜一声尖叫，脸色惨白，甚至因为惊慌而逃出浴缸，摔倒在地。小海被吓坏了，他没想到自己的恶作剧会有如此严重的后果，赶紧检查娜娜的伤势。还好，只是扭了脚，没有严重受伤。小海追悔莫及，赶紧向娜娜赔不是，娜娜含泪说："我以为我要死了。"等到恢复平静，娜娜才向小海讲述了她怕水的原因。原来，娜娜小时候经历过一次洪灾，当时她被水流冲走了，在水里沉沉浮浮，几次差点窒息而死，后来幸好被冲锋艇上的解放军发现，才勉强捡了一条命。

听到娜娜的经历，小海恍然大悟："宝贝，你怎么不早点告诉我你居然经历过这样的苦难。"娜娜苦笑着说："我想要把这件事永远埋在心底，再也不去回首。那次，我失去了家人，变成了孤儿。从此之后，我连洗脸都不会用很多水。我怕水。"小海温柔地搂着娜娜说："放心吧，有我在，我就是你的保护神。以后，我不会再强迫你接近水了。"

在这个事例中，娜娜对于水深入骨髓的恐惧，就是因为幼年时期遭遇的洪灾。洪水不但给她带来了肉体的痛苦，也给她带来了精神上的严重创伤。失去家人，这是比肉体的痛苦更加难以磨灭的永恒伤害。在得知娜娜怕水的缘由后，小海也一定不会再强迫娜娜接近水了。其实，小海的想法是没有错的，因为恐惧并不会因为逃避就消失。只有直面恐惧，才能最终冲破心中的桎梏。如果事先能够了解娜娜怕水的原因，再把握好合适的度让娜娜接受水，那么一切就不会如此让人意外和惊吓。

恐惧虽然是一种心理体验，但是因其非常强烈，所以也会引起人们身体上的变化。曾经有个在冷库工作的工人，因为工友的疏忽被锁在冰柜里，第二天早上，工友们发现他已经被冻死了，而更让人们惊讶的是，当天晚上冷库其实并没有制冷，而是已经断电了。然而，他死时的情状完全符合冻死的特征，这实际上是极度的恐惧导致他的身体发生了相应的变化。由此可见，恐惧的力量多么强大。

了解恐惧产生的原因之后，我们就能够从根本上消除恐惧。恐惧是一种心理障碍，如果通过自身的力量不能成功战胜或者消除恐惧，我们还可以借助于现代先进的医学手段，让恐惧烟消云散。需要注意的是，一味地躲避并不能消除恐惧，唯有坚强勇敢地面对恐惧，战胜自我，才能真正战胜恐惧。

生活不可预料，我们只需要坦然面对

现代社会，不管是精神文明还是物质文明，都处于高速发展的时期。因为生活节奏的加快，也因为工作压力的增大，人们的心理问题越来越多，其中最广泛的就是焦虑问题。

看看现代人的生活，没有几个人是不被焦虑困扰的。其实，焦虑已经成为非常普遍的一种社会现象几乎人人都无法摆脱焦虑的困扰。

打个形象的比方，焦虑就像一场重感冒，是很容易扩散和传播的。要想避免焦虑无限蔓延，我们就要更加读懂焦虑的本质，不要与生活背道而驰。不管命运赐予我们的是什么，我们都应该坦然接受。只有顺势而为，才能避免过度挣扎而导致的伤害。

近来，人到中年的老张失业了。他有个7岁的女儿，今年才上小学，因为上的是贵族学校，女儿每个月的学费和用度就要好几千。再加上，因为一年之前老张投资赚了点钱，所以贷款换了套大房子，当时换房子时他并不知道自己有一天会面临失业的窘境，因而他每个月还要承担近万元的月供。如此一来，他突然间觉得人生晦暗无光，似乎一切都失去了希望。

为此，老张整日在家蒙头大睡，还时常喝得醉醺醺的，觉得人生毫无方向。对于老张的状态，妻子刚开始时并没有感到过分担忧，她什么都不说，只想给老张一个缓冲发泄的时间。然而，一个星期过去了，老张的状态依然没有改善，妻子不得不发声了。

一个周五的晚上，妻子做了一桌子的好菜，说："明天我也放假了，今晚上咱们好好喝两杯吧。"酒过三巡，妻子先安排好孩子睡觉，然后又与老张饮了几杯。这次，他们夫妻二人在醉意中彼此敞开心扉，交谈了很多平日里不曾提起的内心深处的话题。最后，妻子说："我想，人生总是有时风雨有时晴的。我们应该坦然接受，工作丢了没关系，还可以再找。只要咱们一家人在一起高高兴兴、平平安安的，一切都会好起来的。"

听了妻子的话，老张感动得流下了眼泪，说："放心吧，我会振作起来的。我还有你和女儿，我很富有，我也肩负着责任。"接下来的一个多月里，老张每天都在四处奔波找工作，虽然因为年纪大了而处处碰壁，但是他毫不气馁。最终，老张找到了一份很理想的工作，不但工资比以前多，而且福利待遇还更好了。

很多时候，我们喜欢和命运较劲，因为不知道命运的洪流到底会把我们冲到何方。但是，当我们与命运背道而驰时，我们的生活就会变得更加糟糕。既然很多事情一旦发生就是无可更改的，与其抱怨或者悲泣，不如鼓起勇气接受和面对。

曾经有这样一篇小说《莫亚的最后一课》，讲述的是一位身患绝症的哲学家教授，真实记录他如何面对死亡的来临。每个星期的某一天，他的学生，从四面八方赶来，就会聚集在他的床头边，听他说或大家一起讨论关于死亡的课题。如此一来，死亡反而就显得不再可怕了，就算是在他弥留时刻，他，以及他的学生，也能坦然面对了。

总而言之，既然生活不可预料，我们就不能抱怨，更不能焦虑，而应该顺其自然，坦然接受。

当然，除此之外，我们还应积极寻求克服焦虑心理的策略，下面一些自我调节的方法或许有助于你早日摆脱焦虑。

1. 尽可能地保持心平气和

有道是"欲速则不达"。要摆脱焦虑最忌急躁，要时刻提醒自己尽量保持平和心态。当然，对于那些有焦虑症的患者，还是有一定的难度的。

2. 必须树立起自信心

那些易焦虑的人，通常都有自卑的特点，遇事时，他们多半会看低自己的能力而夸大事情的难度。而一旦遇到挫折，他们的焦虑情绪和自卑心理则表现得更为明显。因此，我们在发现自己有这些弱点时，就应该引起重视并努力加以纠正，决不能存有依赖性，等待他人的帮助。有了自信心就不害怕失败，如果十次之中成功一次，就会增添一分自信，焦虑也会退却一步。

3. 做好最坏的打算

俗话常说："能解决的事不必去担心，不能解决的事担心也没用。"这样一想，你会发现，在最坏的情况面前，也没什么可忧虑的，那么，你也就能变得积极了。

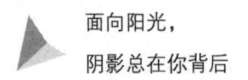

4. 挖掘出引起焦虑和痛苦的根本原因

研究发现，很多焦虑症患者患病是有一个过程的，他们的潜意识中长期存在一些被压抑的情绪体验，或者曾经受到过某种心灵的创伤，并且，这些焦虑症状早就以其他形式体现出来，只是患者本人没有对自己的情况引起重视。因此，生活中的我们，一旦发现自己有焦虑情绪，就应该学会自我调节、自我调整，把深层意识中引起焦虑和痛苦的事情发掘出来，必要时可以采取合适的发泄方法，将痛苦和焦虑的根源尽情地发泄出来，经过发泄之后症状可得到明显减缓。

因此，我们始终要记住，人生在世，很多事我们控制不了，但我们可以选择自己的心态，以乐观、积极的心态面对，那么不好的机会也会成为好机会。如果用消极颓废、悲观沮丧的心态去对待，那么，好机会也会被看成是不好的机会。

人生的平淡和起伏都是生命的轨迹，而只有内心平和的人才能体味其中的真谛。因此，我们不妨以平常心看待生活，用心去享受简单生活中的快乐、幸福！

降低期待，做好最坏的打算

关于生活，每个人都有自己的渴望和希冀。很多人都会在生活中描画未来的情形，并且希望生活能够按照自己规划好的路径前进。现实情况却是，生活总是充满了未知，带给我们的或许是惊喜，或许是惊吓，也或许是平淡如水。无论生活如何改变，每个人要想享受生活、拥抱生活，就必须学会顺势而为。

当生活的天空下雨，你就撑起伞，不必为了阴雨连绵而哭泣；当生活的天空艳阳高照，你不妨借此机会晾晒心情，尽情享受，无需担忧未来会不会下雨；当生活的天空无风雨也无晴朗，你应该照常读书、学习和工作。很多情况下，我们焦虑，正是因为对于自己的生活过度期待。

曾经有这样一个故事：

在美国，有个刚毕业的年轻人，在一次州内的体能筛选中，因为表现良好而被部队选中，成为一名军人。

在外人看来，这是一件值得庆幸的事，但他看起来却并不高兴。他的爷爷听说这个好消息后，便大老远从美国的另外一个城市来看他，看到孙子闷闷不乐的，就开导他说："我的乖孙子，我知道你的担心，其实真没什么可担心的，你到了陆战队，会遇到两个问题，要么是留在内勤部门，要么是分配到外勤部门。如果是内勤部门，那么，你就完全不用担忧了。"

年轻人接过爷爷的话说："那要是我被分配到外勤部门呢？"

爷爷说："同样，如果被分配到外勤部门，你也会遇到两个选择，要么是继续留在美国，要么是分配到国外的军事基地。如果你分配在美国本土,那也没什么好担心的嘛。"

年轻人继续问:"那么,若是被分配到国外的基地呢?"

爷爷说:"那也还有两个可能,要么是被分配到崇尚和平的国家,要么是战火纷飞的海湾地区。如果把你分配到和平友好的国家,那也是值得庆幸的好事呀。"

年轻人又问:"爷爷,那要是我不幸被分配到海湾地区呢?"

爷爷说:"你同样会有两个可能,要么是留在总部,要么是被派到前线去参加作战。如果你被分配到总部,那又有什么需要担心的呢!"

年轻人问:"那么,若是我不幸被派往前线作战呢?"

爷爷说:"同样,你会遇到两个选择,要么是安全归来,要么是不幸负伤。假设你能安然无恙地回来,你还担心什么呢?"

年轻人问:"那倘若我受伤了呢?"

爷爷说:"那也有两个可能,要么是轻伤,要么是身受重伤、危及生命。如果只是受了一点轻伤,而对生命构不成威胁的话,你又何必担心呢?"

年轻人又问:"可万一要是身受重伤呢?"

爷爷说:"即使身受重伤,也会有两种可能性,要么是有活下来的机会,要么是完全无药可治了。如果尚能保全性命,你还担心什么呢?"

年轻人再问:"那要是完全救治无效呢?"

第 7 章
不必焦虑，凡事顺其自然才能从容自在

爷爷听后哈哈大笑着说："那你人都死了，还有什么可担心的呢？"

是啊，这位爷爷说："人都死了，还有什么好担心的呢？"这是对人生的一种大彻大悟。有时候，我们对某件事很担心，但只要我们转念一想，最坏的状况莫过于……以这样的心态面对，其实就没有什么可担心的了。

正如人们常说的，希望越大，失望越大。当我们怀着适度的期待，则一定不会陷入过度的焦虑中。很多人都喜欢给自己制订过高的目标，似乎只有目标远大，人生才能与众不同。实际上，过于远大的、可望而不可即的目标往往让人坠入无边的焦虑之中。唯有更好地面对未来、憧憬未来，我们才能从实现目标的喜悦中得到自信的满足。

德国的一位哲学家曾讲过这么一段话：没有什么情感比焦虑更令人苦恼了，它给我们的心理造成巨大的痛苦。而焦虑并非由实际威胁所引起，其紧张惊恐程度与现实情况很不相称。追求快乐是人类的本能。因此，通常来说，焦虑是无谓的担心。我们要彻底摆脱使人苦恼的焦虑，就要选择平静身心。其实，只要我们找出适合自己的心理调节对策，一般事过境迁，焦虑情绪便会自行缓释，不必过于担心！

面向阳光，
阴影总在你背后

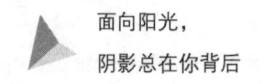

人生短暂，不要为小事而烦恼

生活中的你，不知可曾观察过，在山坡上有棵大树，岁月不曾使它枯萎，闪电不曾将它击倒，狂风暴雨不曾把它动摇，但最后它却被一群小甲虫的持续咬噬给毁掉了。这就好像在生活中，人们不曾被大石头绊倒，却因小石头而摔了一跤一样。

然而，如此简单浅显的道理，我们却始终不能明白。生活中，有许多这样的人，他们往往能勇敢地面对生活中的艰难险阻，却被小事情搞得灰头土脸、垂头丧气。其实，生活在这个世界，我们每天所遭遇的琐碎小事可以说是不胜枚举，如果我们总是较真，总是为那些眼前的小事烦恼，那我们将郁郁寡欢。太过较真，犹如握得僵紧顽固的拳头，失去了松懈的自在和超脱。

生命就是一种缘，是一种必然与偶然互为表里的机缘，有时候命运偏偏喜欢与人作对，你越是较真去追逐一种东西，它越是想方设法不让你如愿以偿。这时那些习惯于较真的人往往不能自拔，脑子里仿佛缠了一团毛线，越想越乱，他们陷在自己挖的陷阱里；而那些不较真的人则明白知足常乐的道理，他们会顺其自然，而不会为眼前的事情所烦恼。

做人要潇洒点，不要总是为眼前的小事而烦恼。具体来说，我们可以采用以下方法来调节自我。

1. 放宽心态，眼前的事情总会成为过去

也许生活中的我们总为眼前的事情而发愁，可能是没钱买房子，可能是没钱买车，可能是没钱给自己和亲人买好看的衣服，但这些事情总会成为过去。正如"面包会有的，牛奶会有的"，一切总会好起来的，有这样良好的心态，何必还与自己较真呢？

2. 换一种心态看问题

在这短暂的人生中，记住不要浪费时间去为眼前的事情而烦恼，虽然我们无法选择自己的老板、无法选择自己的出身、无法选择自己的机会，但我们可以选择一种心态看待问题。凡事看得开、看得透、看得远，我们就能赢得一份好的心情。

其实，我们早已知道烦恼除了让我们的身心健康受到损害外毫无益处，我们的生活中也从未有人因为烦恼而改变过自己的生活状况。因此，我们不妨抛却烦恼、做个快乐的人吧，做一个快乐的人其实并不难，拥有一个幸福的人生很简单，只要我们懂得珍惜今天、把握好今天、放下焦虑即可。

第8章
与幸福的人相交，与温暖的生活拥抱

漫漫人生旅途中，有阳光灿烂，就有乌云密布；有阳关大道，就有荆棘密布。很多时候，你会感到负担沉重，会感到精神疲惫，但只要学会用积极乐观的心态去面对，就会觉得欣慰，就会充满自信。珍惜每一天，尽情地与幸福的人相交，与温暖的生活拥抱，尽管辛苦，也会咀嚼出生活的甘甜与芬芳。

> 面向阳光，
> 阴影总在你背后

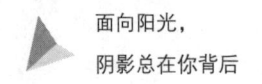

幸福孕育于积极阳光的心态中

有人说，红尘滚滚，荆棘丛生，人生的道路曲折而漫长。生命之旅不会一帆风顺，总会出现一些风风雨雨，我们总会因此而感到痛苦、不如意乃至悲伤。如何面对人生的风雨？美国大诗人朗弗罗曾说："乌云后面依然是灿烂的晴天。"这句话告诉我们，人生路上，不管遇到什么，都要乐观面对，积极阳光的心态会为我们带来好运，我们才有获取成功的希望。

悲观、抑郁被称为"心灵流感"，在现代社会，它成为一种普遍的情绪。但是，它并没有引起人们足够的重视，有人或许认为一点抑郁或悲观算不了什么，离真正的抑郁症还远着呢！但是，长时间的抑郁或悲观，会让我们感到失望、心智丧失，就好像长期生活在阴影里而无力自拔，给我们的生活带来严重的影响。因此，为了使生活变得丰富多彩，我们应该远离悲观抑郁，积极调整自己的心态，走出抑郁、悲观的阴霾，重见灿烂的阳光。

美国前总统林肯在患抑郁症期间说了一段感人心扉的话："现在我成了世界上最可怜的人，如果我个人的感觉能平均分配到世界上每个家庭中,那么,这个世界将不再会有一张笑脸,我不知道自己能否好起来,我现在这样真是很无奈,对我来说,或者死去,或者好起来,别无他路。"所幸的是,林肯终于战胜了抑郁症,还成为了美国的总统。

很多时候,我们的生活状态在很大程度上取决于我们对生活的态度,取决于我们看待问题的方式。每个人的人生都是从一张白纸开始的,以后所发生的事情渐渐变成这张白纸上的轮廓,包括我们的经历,我们的遭遇,我们的挫折。乐观者会从中发现潜在的希望,描绘出亮丽的色彩;反之,悲观者总是在生活中寻找缺陷和漏洞,所看到的都是满目黯淡。

对每个人来说,悲观、抑郁就是飘浮在天空中的乌云,它遮住了生活的阳光。因此,为了让我们的生活重见阳光,一定要远离悲观、抑郁,积极乐观向上地活着。

心向阳光,人生就不会失望

毫无疑问,在我们生活的世界上,最为温暖和光明的莫过于太阳了,正因为如此,所有健康苗壮的植物都有向阳的习性。最典型的代表莫过于向阳花,也就是向日葵的花朵。不管何时何地,只要有太阳的存在,它的花盘就始终面对着太阳。

> 面向阳光,
> 阴影总在你背后

如果我们也能像一朵朵向阳花一样,不管身处何种境遇,都始终心向太阳,那么我们的人生一定会多几分希望,少几分凄苦。

必须承认,没有任何人的一生会始终一帆风顺。要想避免被心中的风雨侵袭,我们必须胸怀太阳。很多情况下,人们对于生命的感受取决于自己的内心。正如有句民间俗语所说的,有情饮水饱。倘若两个相爱的人在一起,粗茶淡饭也会觉得快乐满足。相反,倘若两个不相爱的人在一起生活,即使锦衣玉食,也会觉得寡然无味。由此可见,我们只有心中怀着幸福,才能更多地感受到幸福。

人生不如意十之八九,面对一个没有脚的人,我们还能因为没有鞋子而抱怨和哭泣吗?当我们挪开目光,不再紧紧盯着那些生活中的不如意,相信我们一定会变得更加快乐,也能够切实感受到阳光投射在身体上的温暖舒适。任何情况下,只要生命之花顽强绽放,我们就没有理由放弃希望。从现在开始,就让我们成为一朵真正的向阳花吧!

生活中的人们,在遇到乌云密布的时候,你是怎样看待的呢?如果你能看到乌云后的太阳,那么,你就是个积极向上的人。这样,在未来荆棘密布的人生道路上,无论命运把你抛向任何险恶的境地,你都能做到积极面对、毫不畏惧!

一位著名的政治家说过:"要想征服世界,首先要征服自己的悲观。"用乐观的态度对待人生,满世界都是"鲜花开放"；而悲观者看人生，则总是"悲秋寂寥"。譬如，同样是春雨霏霏，有人看到的是漫步雨中的浪漫，有人却想到的是潮湿天气带来的不便。同样是漫天繁星，一个心态积极的人可在茫茫的夜空中读出星光的灿烂，增强自己对生活的自信；一个心态不正常的人则让黑暗埋葬了自己，而且越葬越深。

用乐观的态度对待人生，就要微笑着对待生活，微笑是乐观击败悲观的最有力武器。无论命运给了我们怎样的"礼物"，都不要忘记用自己的微笑看待一切。微笑着，生命才能将利于自己的局面一点点打开。在饱受约束的现实生活中，要让心灵快乐地飞翔，微笑还应该是一种境界。苏轼《题西林壁》云："横看成岭侧成峰，远近高低各不同。不识庐山真面目，只缘身在此山中。"道理看似浅显，其实饱含生活哲理。人人都要面对红尘命运中的各种磨难和悲辛，身在其中，心思却能够跳脱出来，如果你能以怀禅的释然、纳海的胸襟、平和的意绪，坦诚面向过往未来一切莫测的变幻，那么你就能尽享祥和。

外面吹着风，你是无奈地拨弄乱发，还是用心品味花草的芬芳？漆黑的夜里，你是缩在屋子的一角，还是走出屋外仰望日月星辰？一个人的时候，你是觉得无聊寂寞，还是找到心灵中一片宁静的角落？你要做一名乐观的生活强者，还是一位整日抱怨命运的乞丐？真正的裁判是你自己！

面向阳光，
阴影总在你背后

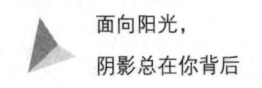

微笑看待人生，好运就不会远离

我们每个人都有情绪，并且，这些情绪还很复杂，每时每刻都在发生着变化，快乐、激动、悲伤、恐惧、愤怒、忌妒等都可能随时影响我们的心境。事实上，这些情绪都是正常的人应该有的，面对那些消极的情绪，我们需要懂得扭转心境，进而转化情绪为你自己所需。

有人说，这世界上存在两种人，划分的标准就是他们对待事物的态度，一种是乐观的人，一种是悲观的人。乐观者，他们的脸上总是挂着微笑，似乎没有什么事情能难倒他们，因此，他们生活得幸福、坦然；而悲观的人，他们似乎总是把眼睛盯在事物坏的一面，于是，他们总是感到低迷，整日郁郁寡欢。有句话说得好："乐观者在灾祸中看到机会，悲观者在机会中看到灾祸。"微笑看待人生，好运就不会远离。有这样一则堪称"神奇"的故事：

有两位年轻人到同一家公司求职，经理把第一位求职者叫到办公室，问道："你觉得你原来的公司怎么样？"求职者脸上满是阴郁，漫不经心地回答说："哎，那里糟透了，同事们尔虞我诈、勾心斗角，我们部门的经理十分蛮横，总是欺压我们，整个公司都显得死气沉沉，生活在那里，我感到十分的压抑，所以，我想换个理想的地方。"经理微笑着说："我们这里恐怕不是你理想的乐土。"于是，那位满面愁容的年轻人走了出去。

第二个求职者被问了同样一个问题，他却笑着回答："我们那里挺好的，同事们待人很热情，互相帮助，经理也平易近人，关心我们，整个公司气氛十分融洽。我在那里生活得十分愉快。如果不是想发挥我的特长，我还真不想离开那里。"经理笑吟吟地说："恭喜你，你被录取了。"

积极的心态是成功的源泉，是生命的阳光和温暖，而消极的心态是失败的开始，是生命的无形杀手。所以我们一定要重视情绪的力量，请察觉每一个情绪背后的意义，它可能是死神的召唤，更可能是改变命运之门的钥匙。

的确，乐观就像心灵的一片沃土，为人类所有的美德提供丰富的养分，使它们健康地成长。它能使你的心灵更加纯净，意志更加富有弹性。它就像最好的朋友一样陪伴着你的仁慈，像尽职尽责的护士一样呵护着你的耐心，像母亲一样哺育着你的睿智。它是道德和精神最好的滋补剂。马歇尔·霍尔医生曾对自己的病人说过："乐观的态度，是你最好的药。"所罗门也曾说："乐观的心态，就是最强劲的兴奋剂。"有一位作家，在被人问到该如何抵抗诱惑时回答说："首先，要有乐观的态度；其次，要有乐观的态度；最后，还是要有乐观的态度。"

有本书上说过："思想……能令天堂变地狱，地狱变天

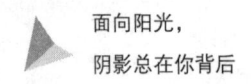

堂。"其实生活得快乐或是悲伤,选择权就在你手中……相信自己能做个乐观、爱笑的人,相信自己能做个神采飞扬的人,那么,你就是幸福的人。

日常生活中,丢了钱财,路遇堵车,看起来似乎很倒霉。悲观的人或许会为此懊恼一整天,认为老天对自己不公平,结果心里十分不开心,在工作生活中带着这种郁闷的情绪,对自己有什么好处呢?反过来,把这些不顺心当作生活中的一部分调料,乐观地看待,你或许会有另外一番心情……抱着这样的态度看待生活,还会有什么不开心的事,还会有什么烦恼呢?

希望之于人生,就是披荆斩棘的力量

我们都知道,在大海上航行,如果没有航标指引,我们就会失去航向。而同样,人生如果没有希望,也会像没头苍蝇一样,误打误撞却无法到达目的地。在希望的指引下,人们勇往直前,目标专一,因而即使遭遇一些坎坷挫折,也能战胜重重困难,顺利地度过。与此恰恰相反,如果一个人没有希望的指引,则在前进的道路上一定会更多地关注那些坎坷和荆棘,最终被扰乱心神,无法全心全意地前行。这就是希望的力量,它不但为我们指明方向,也助我们披荆斩棘。

第8章
与幸福的人相交，与温暖的生活拥抱

在大山里，有一个命运悲惨的男孩，在他10岁时母亲就因病去世了，父亲是一个长途汽车司机，长年累月不在家，没有办法照顾男孩。于是，自从母亲去世后，小男孩就学会了洗衣、做饭、照顾自己。然而，上天似乎并没有过多地眷顾他，在男孩17岁的时候，父亲在工作中因车祸丧生。在这个世界上，男孩没有什么亲人了，也没有人能够依靠了。

可是，对于男孩来说，人生的噩梦还没有结束。男孩走出了失去父亲的悲伤，外出打工，开始独立养活自己。不料，在一次工程事故中，男孩失去了自己的左腿。惨遭人生的挫折，男孩并没有抱怨，也不气馁，反而养成了坚强的性格。面对生活中随之而来的不便，男孩学会了使用拐杖，有时候不小心摔倒了，他也从来不愿请求别人帮助，同时，他还从事着一份简单的工作。

几年过去了，男孩将自己所有的积蓄算了算，正好可以开个养殖场。于是，他拿出自己全部的积蓄开了一个养殖场。但老天似乎是真的存心与他过不去，一场突如其来的大火，将男孩最后的希望都夺走了。终于，男孩忍无可忍，气愤地来到神殿前，生气地责问上帝："你为什么对我这样不公平？"听到男孩的责骂，上帝一脸平静地问："哪里不公平呢？"男孩将自己人生的不幸，一五一十地说给上帝听。听了男孩的遭遇后，上帝说道："原来是这样，你的确很悲惨，失败太多，但

是，你为什么要活下去呢？"男孩觉得上帝在嘲笑自己，他气得浑身颤抖："我不会死的，我经历了这么多不幸，已经没有什么能让我害怕，总有一天，我会凭借自己的力量，创造出属于自己的幸福。"上帝笑了，温和地对男孩说："有一个人比你幸运得多，一路顺风顺水走到了生命的终点。可是，他最后遭遇了一次失败，失去了所有的财富，不同的是，失败后他就绝望地选择了自杀，而你却坚强地活了下来。"

人生的不幸历练了男孩坚强的性格，生活的失败铸就了男孩积极进取的个性。遭遇事业的失败后，男孩忍不住了，责问上帝为什么对自己这样不公平？这样的行为，我们似乎在大多数失败者身上都能看到，每每遇到人生不如意的时候，他们总是质问："老天，为什么我总是不幸的，为什么对我这样不公平？"在上帝的启发下，男孩明白了，即使失去了所有，但他还是选择坚强地活着，或许真的就如他自己所说的那样，总有一天，他会凭借自己的力量，创造出属于自己的幸福。

生活中，有很多人喜欢抱怨，把一切遇到的苦难都归于命运的不公平。其实，这个世界上根本就没有绝对的公平，失败和成功也并非是命中注定的。任何时候，我们只有不屈服于命运的安排，只有奋起反击，才能在苦难发生的时候，鼓起信心和勇气，奔向新生。

有一个悲观主义哲学家说："我们在出生时之所以哇哇

大哭,是因为我们预知生命必然是充满痛苦,至于迎接新生命到来的成人之所以满心欢喜,是因为又多了一个人来分担他们的苦难。"事实上,人生旅途中的苦与乐,都是自己内心的感受,一切都是靠我们亲自来体验,诸如挫折、失败。或许我们在遭遇时会感到痛苦,会埋怨上天的不公平,但正因为有了挫折与失败,我们才有可能变得更加坚强、勇敢。即便是在绝境之中,也有一丝希望,我们要善于抓住希望,从而领悟到快乐的真谛。

总之,人生就像是在大海里逆水行舟,风平浪静时容易,风雨交加时更显艰难。而无论如何,我们都应该保持希望之心,这样才能冲破重重阻碍,为自己赢得新生的力量。

努力工作,更要享受生活

我们知道,中国人都崇尚艰苦奋斗的精神,到现代社会,努力工作更是我们一直奉行的准则。我们发现,不少职场人士在工作中越来越拼,经常在办公室挑灯夜战,或者从来不出门旅游。这样拼命工作的人其实已经忽略生活的美好,更何况工作得多并不意味着应该受到表彰或加薪。过度工作很有可能会降低自己的工作效率、消磨自己的创造力,甚至对你与家人和朋友的关系产生负面影响。

生活中,那些工作狂为什么那么拼命地工作呢?他们最主要的目的就是挣钱,而挣钱为了什么呢?难道仅仅是为了让自己的生活更物质一些吗?在物欲横流的今天,越来越多的人物质充足,但其精神却很贫瘠,心灵无法得到休息。这主要是因为他们模糊了一个概念,挣钱的意义在于享受生活,而不是折腾生活。

事实上,人是一种有着美好憧憬的动物。年轻的时候,我们总是想着等到老了以后,得到了许多物质上的满足,再去好好享受,去环球旅行;当我们有了孩子以后,总是惦记着让子女好好享受。至于自己到底需不需要享受,自己什么时候享受,却从不去认真考虑。所以,事实上,很多人不会享受生活。

享受生活归根结底是一种心境。享受的关键在于寻找快乐的人生,而快乐并不在于你拥有多少、获得多少、生活质量如何,而是在于你怎样看待周围的人和事情,怎样让自己有一颗接纳一切快乐事物的心。

或者可以说,并不是每个人都想过那种疲于奔命的生活。对于我们大部分人而言,与其成为另外一个工作狂,还不如做回自己,静心地享受生活。

小静来自偏远的山村,上大学时,她的父母七拼八凑,给她凑够了学费,到大学毕业之后,她家已经是负债累累。虽然,品学兼优的小静通过老师的介绍获得了一份不错的工作,但她并不满足普通的职位,而且还有自己读书时欠下的债成了她拼命工作的动力。早上她是第一个到办公室,下班了,她却是最后一个离开办公室的。无数个深夜,她孤身一人待在办公室,思考一个企划案,或着手一个新产品的研发。当然,付出是有回报的,小静很快晋升于管理层,不仅如此,她还还清了所有的债务。就在这时,她结识了一位男士,组建了一个幸福美满的家庭。

这样看起来,小静的生活算是美满幸福了,但小静并没有放松下来。每天,她依然是公司最拼命的那一个。丈夫每每抱怨:"你已经多久没陪我们去公园了?我们一家人从来没去旅游过!"这时小静总是以惯有的口吻说:"我这样还不是为了这个家。"丈夫辩解:"可我们已经不缺什么了,孩子唯一缺的就是你,再富足的物质生活也比不上一家人在一起啊。"话还没说完,小静已经穿好衣服出门了。

一天晚上,加班到凌晨一点的小静回到家里,竟然发现丈夫带着孩子走了,桌上只留下一个地址。第二天,小静破天荒地向公司请了假,按照丈夫所给出的地址找了过去。没想到竟然是一处山清水秀的森林公园,远远地,小静看到丈夫、孩子,还有自己白发苍苍的老母亲坐在一起,孩子嬉戏着,丈夫则和母亲聊着天。看着这样的景象,小静的眼睛湿润了,在那一刻,她明白了很多。

从此以后,小静不再是拼命三娘了,她从自己工作的时间里抽出一部分来陪家人和朋友。在这段时间里,她才发现生活是多么美好、多么轻松!

当一个人拼命工作到忘记了家人和朋友,尽管他的物质生活是富足的,但其精神生活却是一片贫瘠,他的内在心灵更是一片荒芜的花园。因为他不懂得享受生活,自然感受不到来自生活的快乐。工作的功利性目的是挣钱,但这并不是其最终的目的,享受生活才是挣钱的最终目的。

生活中,享受生活是人生的特殊体验,在越来越喧嚣的尘世中,我们逐渐背离了享受生活的本质。在拼命工作的过程中,我们变得越来越提得起,放不下,为享受而享受,把金钱、占有当作是享受的终极目的。这样一来,生活中感受到的自然是苦多乐少。

尽管,激情与梦想是上天赐予自己的礼物,为自己热爱的事业而努力更不会是一种错误。但是,我们的休息也很重要,除去忙碌的工作时间以外,我们应该更多地享受生活,享受与家人朋友待在一起的感觉。这样我们才能收获更多来自心灵深处的快乐。

其实,享受生活是一种感知,我们在忙碌之余,要学会品味春华秋实、云卷云舒,一缕阳光、一江春水、一语问候、一叶秋意都是生活里醉人的点点滴滴。

第 9 章
不要为了别人放弃坚持，你要迎合的只有自己

生活中，我们都不是完美的人，但即便如此，我们也不能为了完美而放弃自我。的确，生活中不是只有温暖，人生的路不会永远平坦，但胜利只属于有信心的人。无论如何，我们都要记住，只有自己轻视自己，别人才会轻视你。只要我们对自己有信心，坚持做自己，懂得珍惜自己，我们就是最优秀的，就能成为自己想成为的样子。

面向阳光,
阴影总在你背后

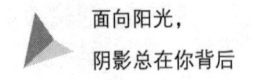

自信,是一个人力量的源泉

生活中,我们每个人都希望得到别人的认同与肯定,但是,在别人肯定你之前,你要先肯定你自己。肯定你自己的能力,这是你通往成功路上的一个保证,如果你把自己都否定了,那么别人凭什么来肯定你呢?任何时候,我们都要充满自信,肯定自己的能力,只有这样,你才会获得成功。

因此,我们可以说,自信,是一个人力量的源泉。著名作家爱默生曾说过:"自信就是成功的第一秘诀。"这句话告诉我们,人的潜力是无穷的,如果你对自己有足够的信心,你就会发现自己原来拥有这样大的潜力,原来自己可以做到许多事情。如果你想有个辉煌的人生,那就把自己扮演成你心里所想的那个人,让一个积极向上的自我意象时时伴随着自己。

发明家爱迪生曾经长时间专注于一项发明。对此,一位记者不解地问:"爱迪生先生,到目前为止,你已经失败一万次了,您是怎么想的?"

爱迪生回答说:"年轻人,我不得不更正一下你的观点,我并不是失败了一万次,而是发现了一万种行不通的方法。"

第9章
不要为了别人放弃坚持，你要迎合的只有自己

正是怀着这份自信，爱迪生最后成功了。在发明电灯时，他尝试了很多方法，尽管这些方法一直行不通，但他没有放弃，而是一直做下去，直到发现了一种可行的方法为止。

的确，无论做什么事，都有可能遇到困难，在困难面前，大部分人会选择放弃，只有少数人还能坚持到最后，原因是他们坚定地相信自己坚持下去就一定会取得最后的成功，而大多数人却因为暂时的困难和挫折蒙蔽了自己看到希望的眼睛！

尼克松是大家极为熟悉的美国前总统，但就是这样一个大人物，却因为缺乏自信而毁掉了自己的政治前程。1972年，尼克松竞选连任总统。由于他在第一任期内政绩斐然，所以大多数政治评论家都预测尼克松将以绝对优势获得胜利。然而，尼克松本人却很不自信，他走不出过去几次失败的心理阴影，极度担心再次失败。在这种潜意识的驱使下，他鬼使神差地做了件让其后悔终生的蠢事。他指派手下人潜入竞选对手总部的水门饭店，在对手的办公室里安装了窃听器。事发之后，他又连连阻止调查，推卸责任，在选举胜利后不久便被迫辞职。

尼克松本来可以以自己的绝对优势获胜，但就是因为他缺乏自信，不肯定自己，最终酿成历史上有名的"水门事件"。本来稳操胜券的尼克松，就是因为不能肯定自己而导致惨败，不仅断送了自己的政治生涯，还使得自己在史册上添了一大败笔。所以，要想获得别人的肯定，首先你就要肯定自己。

面向阳光，阴影总在你背后

我们在生活、工作中有时候会发现一些错误，或许某些权威让我们觉得这些错误是不适当的，这时候，我们不能否定自己辨别错误的能力，并且开始怀疑自己的能力，导致我们不敢大胆地指出错误。其实在这个时候，我们就更应该肯定自己，而不是怀疑自己的辨别能力。

同样，生活中我们也应该培养自己的自信心，自信的人到哪里都光彩夺目。为此，你要告诉自己：我是最棒的！拥有这样的信念，无论何时，你都能有优秀的表现，都能挖掘出你意想不到的潜力。

有人说，成功最需要具备的一个要素就是智慧。然而，智慧从何处来？智慧的来源大致有以下三个方面：一是从你的知识而来，二是从你的经验而来，三是从自我反省而来。但无论如何，有智慧的人总是有高情商的，而自信就是高情商的表现之一，他们总是能充满自信，这也是很多成功者的特质。

自信是成功的前提,自信就是绝对地相信自己。现实生活中，如果你让别人来指出你的缺点，相信你会得到很多批评；而让别人来指出你的优点，相信你也会得到很多赞扬。如果我们能运用正确的思维方式，不完全相信听到的、看到的一切，也不要因为他人的指责，鄙视或轻视自己，进而产生自卑感，或许我们就能坚持自己的主见。

第9章
不要为了别人放弃坚持，你要迎合的只有自己

放弃别人眼中的你，成为最好的自己

我们都知道，我们所生活的社会是一个讲究包装的社会。在这样的环境下，一些人"把自己摆错了位置"，总要按照一个不切实际的计划生活，总是希望自己能成为他人眼中完美的人。于是，他们总是跟自己过不去，所以整天郁闷不乐。而快乐的人之所以快乐，就是因为他们能正确地认识自己，从而摆正自己的心态，他们懂得享受生活，懂得把握当下。事实上，我们每天做自己喜欢的事情，不在乎表面上的虚荣，凡事淡然、不苛求，那么快乐、幸福就会常伴我们左右。

很多时候，我们会特别羡慕那种有所谓的"好人缘"的人，似乎每个人都能与他聊到一块去，他说的每一句话、做的每一件事，都是以大家的眼光为标准。在公司，上司说这个方案不行，他一句话不说，马上改成了上司喜欢的方案；挑剔的同事说，你今天的打扮好像不太和谐，第二天，他就真的换了一套同事欣赏的服饰；在家里，爸妈说，你新交的男朋友没有固定的工作，她就真的决定与男友分手，重新找一个能让父母觉得满意的男朋友。在这个过程中我们发现，自己不过是因为太在意别人的目光而讨好身边的人而已，我们已经逐渐失去自我。

卡内基说："你见过一匹马闷闷不乐吗？见过一只鸟儿

忧郁不堪吗？之所以马和鸟儿不会郁闷，是因为它们没那么在乎别的马、别的鸟儿的看法。"生活中，许多人太在意别人的目光而失去了自我，这简直是得不偿失。当然，我们作为社会人，生活在各种各样的关系中，完全不在意别人的目光那是不可能的。事实上，我们对自己的评价，很多时候是需要借助别人对我们的看法而做出的。

因此，对于别人的目光，我们需要考虑，但并不是过分地注重，否则，你就会感觉到自己活得很累。你总是在想别人是怎么看待自己的，你总是通过别人的目光来修正自己，到最后，你会完全失去自我，从而变成一个别人目光中的自己。更为严重的是，你将变得闷闷不乐、忧虑不堪，你完全失去了心灵应有的轻松与快乐。

在生活中，不管是一个什么样的人，不管这个人做不做事，是少做事还是多做事，做的是什么事，他都会招来别人的看法和评价。而对于那些目光和议论，有的人会把它作为自己行动的标准，他们很在意别人是怎么看待自己的。这样所导致的结果是，他们在做事情时畏首畏尾，把自己搞得很紧张，好像自己在为别人而活似的。

其实，你根本没有必要这样，因为我们既不是演员，又不是在表演，我们的目的就是要做好自己的事情，又何必苛责自己，活成别人希望的样子呢？

瑕不掩瑜,真实的人生并不需要完美

生活中,我们每个人都被告知要追求完美和成熟,我们都在极力表现自己完美的一面,都在追求完美的人生。然而,真正的完美是不存在的。例如,我们发现,有些夫妻恩爱、收入颇丰,但苦于一直没有孩子;有的年轻女士才貌双全,在情感路上却总是坎坷难行;有的人家财万贯,却被病痛折磨……每个人的生命,都被上苍划了一个缺口,你不想要它,它却如影随形。因此,对于生活中的缺失和不足,你不妨宽心接受,放下无谓的苛求和比较吧,这样反而更能珍惜自己所拥有的一切。

可见,追求完美固然是一种积极的人生态度,但如果过分追求完美,而又达不到完美,就必然会产生浮躁的情绪。过分追求完美往往不但得不偿失,反而会变得毫无完美可言。

哲人说,完美是一座无人能抵达的宝塔,人们总是倾其所有来追逐它、向往它,但是,却永远难以到达。它只能作为一个追寻的目标,不可能把它当作一种现实的存在,否则你将会陷入自我矛盾中而无法自拔。生命的美丽在于真实,纵然有缺憾,却是无法复制、无与伦比的美丽。很多时候,我们没有必要去要求凡事完美,美丽一定是伴随着遗憾,只要足够真切,生命一样会绽放出最灿烂的光辉。

一天,因为单位某同事喜得贵子,小王和单位其他同事们一起前去道贺。来到同事的家，小王环顾了一下，发现同事的家布置得温暖、舒适，尤其是悬挂着的那些花花草草，更是为整个家增添了几分情致。

正当小王观赏之时，同事说："这几盆花草有真有假，你们看出来了吗？"

"我怎么没有看出来呢？"另外一个同事反问道。

"谁能不用手去摸，不靠近用鼻子闻，在5米以外准确地指出真假，我就送给谁一盆郁金香。"主人有些得意地说。

听到主人的话，大家都兴致勃勃地仔细观察起来。只见眼前的几个盆栽，都长得极为茂盛，看起来个个碧绿如玉、青翠欲滴。乍看之下，真是分不出真假，可是用心观察，还是能发现其中的不同。小王不经意中发现有三盆花依稀能够找到枯萎的残叶，有的叶片上还有淡淡的焦黄，显示出新陈代谢和风雨侵袭的痕迹。可是另外两盆，绿得鲜艳，红得灿烂，没有一片多余的赘叶，没有一丝杂草，更没有一根枯藤，一切都是精心设计精心制造的结果，它们显得完美无缺。看着近乎完美的它们实际远不如那些夹杂着残枝败叶的新绿更令人愉快。

的确，人生原本就是极为真实、简单的，且存有不可避免的缺陷，有些人对完美生活的幻想超出了生活本身。刻意装点的生活，就如那盆假花一样，虽然看起来很精致，但总觉得缺乏生气，缺少拥有生命的真实。如果时时都是如此的心境，事

第9章
不要为了别人放弃坚持，你要迎合的只有自己

事都是如此的状态，生活的一切虽看似华丽或精细，但它始终缺少灵魂的寄托。

对于完美主义，哈佛大学教授本·沙哈尔提出了自己的看法：每一个人都应该学会接受自己，不要忽略自己所拥有的独特性，要摆脱"完美主义"，要"学会失败"。追求生命的完美，这本是一种积极的人生态度，但是，过分地追求完美，则会导致人产生消极的负面情绪。与其过分地追求完美而又难以到达，还不如享受当下真切的美丽。

琳达是一位电车车长的女儿，她从小就喜欢唱歌和表演，她梦想着自己有一天能够成为一名当红的好莱坞明星。然而，琳达长得并不算漂亮，她的嘴看起来很大，而且还有讨厌的龅牙。每次公开演唱，她都试图把上嘴唇拉下来盖住自己的牙齿。

有一次，她在新泽西州的一家夜总会演出，为了使表演更加完美，她在唱歌时努力拉下自己的上嘴唇来盖住那讨厌的龅牙，但是，结果却令自己出尽洋相，这真是一次失败的演出。琳达看起来伤心极了，她觉得自己注定了命运的失败，她真的打算放弃自己当初的梦想。但是，就在这时，在夜总会听歌的一位客人却认为琳达很有天分，他告诉琳达："我一直在看你的演出，我知道你想掩盖的是什么，你觉得你的牙齿长得很难看。"琳达低下了头，觉得无地自容。可是，那个人继续说道："难道说长了龅牙就是罪大恶极吗？不要想去掩盖，张开

你的嘴巴，观众看到你自己都不在乎，他们会更加喜欢你的。再说，那些你想掩盖住的牙齿，说不定能给你带来好运呢。"琳达接受了男士的建议，努力让自己不再去注意牙齿。从那时候开始，琳达只要想到台下的观众，她就张大嘴巴，热情地歌唱，最后她终于成为一名好莱坞当红的明星。

世界上没有两片完全相同的叶子，没有完全相同的两个人。我们每个人都应该庆幸，因为我们是独一无二的，无论是像龅牙一样的缺点，还是其他难以弥补的缺憾，它都是生命组成的重要部分，在生命中占据着不可或缺的位置。如果我们总是寻找着完美的东西，寻找一份完美的工作，寻找一种完美的生活，渐渐地，生命就在寻找过程中枯萎了，以至于到最后，它都没有来得及释放那真切的美丽。与其追求不能到达的完美境界，不如努力把握真实的美丽。

现实生活中，"完美"的诞生就伴随着遗憾，因此，追求完美是一个人正常的行为，却也是一个人最大的悲哀。人生贵在真实，瑕不掩瑜，即使有了缺憾，也无损人生真切的美丽。在很多时候，我们要善于接纳自己，无论是自己的优点还是缺点，我们都要以平常心看待。上帝是公平的，当他向你关闭了一扇窗，却向你打开了另一扇窗，我们需要的只是尽情释放出生命真实的美丽。

相信自己，然后成为你想成为的人

美国著名学者爱默生曾说："你，正如你所思。"通过研究那些所谓的成功者的成长经历，发现他们对自我都有一种积极的认识和评价，从而能够产生一种相当的自信。这种自信是一种魔力，即使他们在认清了自己的不良现状之后，依然能够保持奋勇前进的斗志，而这也是他们必须依赖的精神动力。每个人都梦想过自己将来成为什么样的人，也许是科学家，也许是医生或者律师，不过，大多数人都只停留在梦想上，而不去实践。事实上，做自己想做的人，其实很简单，只要相信自己，朝着梦想勇敢地奋进，那么我们就真的能够成为我们所希望成为的那个人。

生活中，有的人梦想着成为明星，有的人梦想着成为富翁，有的人梦想着成为伟人，但是，他们却因为缺乏勇气而与梦想失之交臂。梦想需要勇敢地拼搏，才能做那个我们想做的人，在追逐梦想的过程中，我们会遇到许多实现梦想的机会，但却常常由于怯弱和畏惧的心理而放弃了努力，导致机遇一次次擦肩而过。其实，只要我们克服胆怯心理，勇敢地奋进，我们就能够做自己想做的人。

小娜是一位时尚模特，她的容颜在众多佳丽中并不算是最出色的，但是她却凭着自己优雅的气质而屡次登上各大时尚周刊的封面。在平时的生活中,她总是素颜照天,打扮得像邻家妹妹。她不像众多明星那样,她既不喜欢泡夜店,也不喜欢待在酒吧,她最喜欢待的地方居然是图书馆。她坦言,自己当初无意间踏入了模特这个领域,耽误了自己的学业,这是她最大的遗憾。因此,她在工作之余,总是会多看一些书,充充电。正是这样内外兼修的她,才能如此自信地站在镁光灯下,迎接人们赞许的目光。

实际上,小娜是26岁才正式走红的,她从来没有隐瞒过自己的年龄,她说:"也许我这个年龄是有些大了,但女人越成熟才越有魅力。当年我也是一个不自信的女孩,不相信自己会成功,觉得自己没有别人漂亮,也没有别人有个性。"小娜认为一个美丽的女人首先就要有自信,"我觉得自信的女人最美丽,她们更容易散发出吸引人的气质,我也经常被有自信的女人吸引,希望自己能够像她们一样。"

当谈到让自己重新拥有自信的原因,小娜说那就是相信自己,"我觉得每个女人的美丽都是独一无二的,无论她的外貌如何,只要充满了自信,就可以由内而外散发出美丽的气息。"

正是小娜的自信铸就了她无与伦比的美丽,自信就是她最好的一张脸。正如歌德所说:"你若失去了财产,你只失去了一点儿;你若失去了荣誉,你就丢掉了许多;你若失去了勇敢,你就把一切都失掉了!"每一个人都会给自己一个准确的定位，然后朝着既定方向勇往直前，从而战胜内心的恐惧。人生是一叶小舟，勇气是引航的灯塔和推进的风帆，没有勇气的人生就像是失去了方向和动力的小舟，只能在生活的波浪中随处漂泊，还有可能会沉没在激流之中。

成功者自信，失意者自卑。一个人只要有自信，那么他就能成为他所希望成为的人。朋友们，无论你想成为什么样的人，从现在起，只要你不断积累信心，然后朝着目标奋进，你就能成功！

自信是对自己的高度肯定，是成功的基石，是一种发自内心的强烈信念。我们需要自信，无论在生活中还是工作中，一个自信的人，常看到事情的光明面，必能尊重自己的价值，同时也尊重他人的价值。因为自信是个人毅力的发挥，也是一种能力的表现，更是激发个人潜能的源泉。为此，你需要做到以下几点。

1. 不断学习，让自己具有硬实力

在今天，素质决定命运。当然，在具备这点后，你就要实事求是地宣传自己的长处、才干，并适当表达自己的愿望，这样才能让别人更加了解你，也才能给予你更多机会。

2. 不断挑战自己

任何一个人在这个快节奏、高效率的时代，要想脱颖而出，要想进步，就必须做到不断挑战自己。要知道，一个人的能力是需要不断挖掘的，只要我们能相信自己、欣赏自己、摒弃自卑，我们就能在职场、事业上不断彰显自己的能力和价值。

总之，我们需要记住的是，自信，使不可能成为可能，使可能成为现实；不自信却使可能变成不可能。一分自信，一分成功；十分自信，十分成功。在经济飞速发展的今天，各种机遇和挑战无处不在。我们不妨自信一点，给自己一个发挥长处的机会，初登舞台，放低姿态；站稳脚跟，慢慢发展；等到机会出现，就一定要大胆出击。有了这种敢于冒险、勇于迎难而上的精神，你才能够创造奇迹。

不盲目比较，最优秀的人恰恰是你自己

很多时候，我们总是习惯与他人比较，觉得自己能力不如人，长得也不那么漂亮，好像自己真的一事无成。然而，命运对每一个人来说都是公平的，"垃圾也不过是放错了位置的财宝"，更何况对于我们人而言呢？我们每个人都有自己的价值，这是不容置疑的，我们需要做的就是不要忽视自己的价值。当然，一定的比较可以促使我们取得进步，但是，大部分的比较只会带给我们失落或者沮丧，在比较之后，我们变得不

再相信自己，甚至自暴自弃。所以，不要盲目去比较，因为，最优秀的人恰恰是你自己。

有人说，智者与庸者的差别在于，智者从来不与他人比较，他们相信自己就是永远的第一；而庸者总是沉迷于比较游戏中，他们在比较中丢失自我，最后成为平庸的人。

美国著名的学者爱默生曾说过这样一句话："你，正如你所思。"假如想着自己是最优秀的，那么你将是自己心中永远的第一名；假如习惯与他人比较，总是不敢相信自己，忽略自己、丢失自己，那么或许你就会成为那个一事无成的人。每个人都有一座宝藏，这个宝藏就是潜力和能力。不要去与他人比较，只要不懈地挖掘自己的宝藏，积极运用自己的潜能，做心中的第一名，你就能够做好自己想做的一切，你就能主宰自己的生活。既然我们有那么多未被开采的潜能，那么，你又何必担心自己不如别人呢！

任何一个因为比较而导致自卑的人都应该明白，在这个世界上，不会有第二个你，现在没有，以后也不会有。这一点，我们能从遗传学书籍中找到证据。我们每个人都是由父亲和母亲的23条染色体组合而成的，决定我们遗传的，就是这46条染色体，每一条染色体中，还有数百个基因，任何一个单一的基因又能影响甚至改变我们的一生，这就是令人敬畏的人类生命的形成。

面向阳光，阴影总在你背后

自从你来到这个世界上，你就是独特的，你应当为此而雀跃，你应该善于运用自己的天赋。其实，那些所谓的艺术，也都是对自我的一种体现而已，你的歌唱和画作都来源于你自己，而造就你的则是自身的经验、环境和遗传。无论如何，只要你在生命的舞台中演奏好自己的乐器，就能活得精彩。

爱默生在他的短文《自我信赖》中说过这样一段话：

无论是谁，总有一天，他会明白，嫉妒是毫无用处的，而模仿他人简直就是自杀，因为无论好坏，能帮助我们的，只有我们自己。一个人只有耕好自己的一亩三分地，才能收获自家的粮食。你自身的某种能力是独一无二的，只有当你努力尝试和运用它时，你才能真正感受到这份能力是什么，也才能体味它的神奇。

总之，我们可以去仰慕他人，但是，绝对不能忽略自己；我们可以去相信他人，但最应该相信的人则是自己。如果自己不甘于做平庸者，就要摆脱自我怀疑的心理，不要盲目去比较，相信自己就是心中的第一名。其实，我们每一个人都是自己成功人生的缔造者。在一个人的一生中，能力并不是决定成功的关键因素，只要我们相信自己，就能使自己走出成功的第一步。

第9章

不要为了别人放弃坚持，你要迎合的只有自己

内心强大，不奢求每个人都喜欢你

我们在与人打交道的过程中，都希望获得一个好的名声，都希望得到他人的肯定。然而，我们却忽视了一点，我们不可能让所有人都喜欢我们，如果我们奢求获得所有人的喜欢，那就是庸人自扰。而正是因为苛求来自外界的喜欢，一些人一旦得到了来自外界的负面评价，就会烦恼不已、寝食难安。实际上，这类人之所以会出现这样的状态，是因为其内心自卑，不够强大。

反过来，那些能承受流言蜚语、特立独行的人，他们在人生道路上走得更为坚定。面对那些闲言碎语，他们能坚持做自己，能坚持自己的信念，最终，他们成功了。因此，生活中的我们也要明白一个道理：让所有人都喜欢我们是很不成熟的想法，不必委曲求全，做好自己，你才能获得快乐。

因此，任何一个自卑者，如果你还在为别人的评价而忧虑的话，那么，你首先需要记住一条处理关系的准则："不要试图让所有人都喜欢你。"因为这不可能，也没必要。

有人问孔子："听说某人住在某地，他的邻里乡亲全都很喜欢他，你觉得这个人怎么样？"

孔子答道："这样固然很难得，但是在我看来，如果能让所有有德行的人都喜欢他，让所有道德低下的人都讨厌他，那

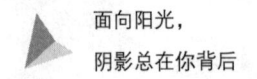

才是真正的君子呢。"

德国哲学家尼采说:"面对别人的不喜欢应有坦然的态度。对方若是从生理上厌恶你,即便你如何礼貌地对待他,他都不会立刻对你改观。不可能让全世界的人都喜欢你,以平常心相待便是。"诗人但丁也曾说:"走自己的路,让别人去说吧。"的确,我们不可能获得所有人的支持和认同,面对他人的不喜欢,我们应该持有坦然的态度。

对于这一问题,美国作曲家狄姆斯·泰勒的做法值得我们效仿。

在一个周末下午的音乐节目中,他收到了来自一位女士的一封信,内容大致是骂他"叛徒""骗子""白痴""毒蛇"等。在后来他的作品《人与音乐》中,他提及了这一段往事:"刚开始,我以为她只是开开玩笑、随便说说的,于是,在第二个星期的广播节目中,我把这封信公开地念了出来。可是谁知道,就在几天之后,我又收到了这位女士的来信,她依然坚持她原来的想法,在她口中,我依然是一个骗子、一个叛徒、一条毒蛇和一个白痴。"

无独有偶,美国企业家查尔斯·史瓦伯曾经在普林斯顿大学给学生做演讲,他说自己曾接受到的最深刻的一次教育是钢铁厂中的一位老工人告诉他的,这位老工人和另外一个工人卷入了一场激烈的争斗中,结果最后那人把他扔进了河里。史瓦伯对学生说:"我看见湿漉漉的一个人来到我的办公室,然后问他到底发生了什么,是什么语言激怒了对方让他把你丢进河里,他的回答是:'我什么都没有说,只是一笑置之。'"从此,史瓦伯把这位老工人的话当成人生的信条。

我们做任何事,得到的来自外界的评价都是两方面的,就好比我们面前有半杯水,我们不要只看到杯子有一半是空的,还应该看到它还有一半是满的。对于别人的批评,有则改之,无则加勉,但没有必要影响自己的心情;对于看不惯你的人,如果他发现了你的缺点,应该勇于改正,如果是误会,应该解释,解释不清,就不去解释,不妨敬而远之,敬而远之尤不可得,就避而远之。

因此,在人际交往中,我们不必要苛求获得完美的评价,也不必为遭到他人的负面评价而自卑。其实,即使你已经倾尽全力,还是有人看不惯你,仍然会有很多不利于你的传言。对此,你只需要记住一点:做好自己,坦然应对。

第 10 章
所有失去的,都会以另一种方式归来

生活中,我们每个人都渴望得到而害怕失去。因此,面对失去,不少人容易陷入纠结的状态,无论是对于工作,还是感情或者其他事情。然而,"执着太甚,便成魔障",一个人的执念、纠缠往往给自己带来痛苦,也给周围的人带来不便,使自己陷于某种情绪而不能自拔,最后的结果往往就是把自己的生活弄得一团糟。因此,你要明白,凡事只有看得开,得失淡然,拿得起,放得下,才能够洒脱自如。

面向阳光,
阴影总在你背后

放手爱情,也是一种成全

爱情,是造物主赐予人类最美好的感情。在爱情面前,哪怕是最卑微的人也会怦然心动。在爱情的鼓励下,他们甚至会忘记自身的缺点和不足,从而鼓起勇气,勇敢地去追求真爱。然而,爱情又绝非是光靠努力就能得到的。众所周知,爱情需要缘分的指引。最美好的爱情就是有缘也有分,而有缘无分的爱情只会使人感到遗憾,有分又没有缘的根本不叫爱情,或者可以叫搭伴过日子,也可以叫合作伙伴,总而言之叫爱情就有些牵强。

有人说,爱情如同流沙,越是将其牢牢地握在手掌心,越是容易导致沙粒悄悄从指缝间溜走,再也不见踪迹。也有人说,爱情如同知己一样是可遇而不可求的,只有在对的时间遇到对的人才能成就爱情,否则就是孽缘。当然,现代社会婚恋观点已经开放,人们更加勇敢地追求爱情,所以爱情享有更多的自由,也变得更加唾手可得。在这种情况下,每一个人都想牢牢抓住爱情,从而使自己的人生变得绚烂多彩,也因为爱情的滋润飞上云端。

第10章
所有失去的，都会以另一种方式归来

人生在世，我们穷极一生都在追求快乐，而快乐来自爱，什么是爱，爱是一种模糊的东西，也是一种说不出来的感觉，因为它是一种似乎得到却摸不着猜不透的东西。爱情并不是要拥有，只要过程精彩，双方开心、快乐即可。

世间万物，一旦过于执着，就会成为束缚，让人痛苦不堪，爱情也是如此。我们周围有太多对于爱情执着的人对佛说："为什么属于我的爱我得不到，为什么让我那么悲伤？为什么执着的我那么受伤害？"佛说："有一些东西本不该属于你的，有一些东西只要你曾经拥有过，就应该叫作幸福，因为有一种爱叫作放手。"

的确，能够放手的爱也是美丽的。不能拥有的爱，不能得到的爱，就让爱放手吧。只要你曾经拥有，你曾经幸福过，你的人生就是幸福的。

我们不妨先来看看一个女人的情感日记：

"现在我终于承认，一切都结束了，我也能坦然面对过去的这段感情了。这是一次感情的欺骗，其实我早就怀疑这份感情的真实程度，一直以来，是我自己太傻，我认为自己是个值得爱的女人，我相信自己能留得住他。

或许很久之前，我就应该给自己一个了结过去的机会，我一直认为爱了就该珍惜，但现在却发现，这只不过是我自己给自己找的一个借口而已。我太无知了，这段时间精神恍惚，无心工作无心玩乐，今天终于可以放开纠结。

从今天开始，我长大了，也不再去爱了，因为不值得……看来朋友说得没错，我是遭受了太多的感情挫折，太孤独太没人疼爱，貌似坚强的外表下有一颗太脆弱的内心，才会对眼前看似存在其实漏洞百出的感情深陷其中。其实不是那么合适……我应该感到欣慰才是，今天我在内心告别的是一个不爱我的人，或者是一个不懂得珍惜爱的人，而被告别的是一个失去了爱的人。

是啊，我把感情放在了错误的人身上，到今天我彻底承认，一个不懂得珍惜的人，一个不懂得坚持的人，一个不懂得爱的真谛的人，一个不懂得顾念对方感受的人，一个不会牵挂爱人的人根本不会懂爱情，跟这样的一个人谈感情是何等无知何等虚幻的一件事情。

别了，我的过去，那满是伤痕的过去，别了，我曾经希翼过的未来……"

是啊，一个根本不值得自己爱的人，一段不值得留恋的感情，为什么还要苦苦迷恋呢？

可见，一个人失恋不可怕，可怕的是失去自己，没有勇气重新开始。一个为爱而自怜伤叹、每晚伤心抽泣的人，到头来只会得到他人的耻笑，而不是同情！

任何人，只有结束不适合自己的恋情，才是一种解脱，才

第10章
所有失去的，都会以另一种方式归来

能给自己机会，重新寻找新的幸福。

他是一名大学教师，已经三十好几的他，还没有找到对象，家里急了，他自己也急了。于是，在朋友的介绍下，他认识了在某事业单位上班的她，见面之初，他们都对彼此的谈吐很中意。很快，在所有的亲朋好友的祝福下，他们结婚了。

但真正成为夫妻后，他们才发现彼此在很多问题上存在很大的分歧，于是，他们经常吵架，没有哪一天是安静的。最终，刚结婚半年的他们决定离婚。但令周围朋友奇怪的是，离婚后的他们反倒关系变好了，彼此间遇到什么麻烦事，对方总是出手相助。他开玩笑地和朋友说："可能是婚姻束缚了我们吧。"

的确，正和故事中的男女主人公一样，当爱情不存在的时候，如果我们还死死抓住，不肯放手，那么，只能伤人伤己，而适时放手，则是一种解脱。因此，分手，失恋，都不必太在意，因为昨天即使再美好，也必将成为过去，今后还有很长的路要走，更重要的是过好今天，把握明天。

许多人会在恋爱中迷失自己，找不到自我，甘心付出很多，结果却是一败涂地。如果说杰克死后，露丝也跟着沉到海底，那么就不会有那感人至深、赚了观众无数泪水的《泰坦尼克号》。爱情的意义不是让一个人为另一个人牺牲，而是两个人共同付出，彼此幸福。你最需要的是从童话中走出来。

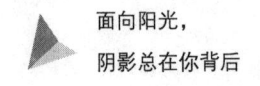

我们都是平凡的红尘男女，挣不出爱恨纠缠的情网，逃不出爱与被爱的旋涡。心碎神伤后，是漫无止境的寂寞。寂寞吗？或许吧。但是细细体会寂寞后的洒脱，想想除他以外的快乐，想想再也不用为了猜测他的心思而绞尽脑汁，会不会轻舒一口气，感觉轻松一点？

其实，在我们的生活中，有一些东西是不属于我们的，就如道路两边的行道树，只能远远地相望着，永远不能牵手。其实远远地相望也是美丽的，美丽的欣赏，美丽的相望，美丽的祝福，这就是爱。这种爱就叫作放手。

无论昨天发生什么，一切都会过去

有人说，人生就如同一杯泡好的清茶，有浮有沉，有高有低，既有高高在上的显赫与辉煌，也有不高不低的平凡，甚至还有在人生低谷时受到的打击，感觉前途灰暗时的自卑与放弃；人生也如同一幅色彩斑斓的画卷，有令人舒心的鲜亮颜色，也有让人心情黯淡的灰暗，有快乐，也有悲伤……这就是人生，完整的人生。但无论如何，昨日毕竟是昨日，无论昨日如何，我们都要学会为它画上一个句号，强留只会让你无法自拔。

人们常说，缘分不可强留，缘来了，缘散了，留下一些美

第 10 章
所有失去的，都会以另一种方式归来

好，也留下一些遗憾，正如生命中的每一个故事，是你的就是你的，不是你的强求不来。凡事让缘分来决定，留下的，就好好珍惜，错过的，就随风而去。凡事顺其自然，才会获得平静的快乐。你会发现，无意中，原本属于你的快乐就悄悄来到你的身边。

当然，对于昨天，我们需要放手的不仅仅是爱情，还有太多我们未曾释怀的点点滴滴。要学会放手，我们就要学会忘却，忘却昨天的烦恼、痛苦、忧伤、黑与白、是与非。

无论我们的昨天怎么样，我们都应该先接受它，我们越是抗拒，就越是无法平和地面对。因此，不要再不断地反问自己："我怎么会这样呢？""我怎么会遇到这种事情？"这样，只会让你的痛苦加剧。如果你能减少抗拒的时间，那么，你就能较早地走出来。例如，当你的亲人去世了，你肯定会伤心、痛苦，但如果你能告诉自己"逝者已逝"，那么，你会逐渐变得平和起来。而相反，你越抗拒一件事，你痛苦的时间就越长。当然，不抗拒并不意味着要消极待世，或者告诉自己"我不可能再发展了，就接受这种状态吧"。接受现状同样要求我们积极进取，要求我们采取行动，以取得自己想要的结果。

其次，我们要对自己有信心，要相信自己能走出来。虽然现在你正在处于不好的情况，但是要相信自己一定能过这个坎，而且通过这些你会变得更成熟更强壮。

再者，我们应该从昨天的经历中重建自己，因为你应该重新审视自己，调整自己。这是一种对现实的接纳，对于既成事实，我们不必沉溺于后悔的情绪之中，也不要责备于他人，而应该把精力放到如何挽回过失上，最大可能减少损失，否则过多的后悔、不休的责备，不仅于事无补，而且还会扩大事端、增加烦恼。

人生如同一场游戏，没有定数，所以又何必处处计较。但如果我们总是把眼光停留在昨天，沉溺于过去，那么，我们只能无法自拔。或许你认为你根本无法忘记昨天，昨天对于你来说是很难跨过的门槛，其实当事情过去以后，你会发现，这在你人生路上是多么不显眼的一件事情，根本无须惊怕。所以，你应该重新扬起自信的风帆，鼓起劲去摇桨，向明天出发。

暂时的失去是为了更好的获得

生活中，人们常说："好汉不吃眼前亏。"这些人总也不能容忍自己失去一点点，即便是蝇头小利，他也不允许自己失去。结果，他们虽然暂时获得了一点小利益，但却永远失去了成功。实际上，这些所谓的"好汉"的想法是错误的，真正的好汉应该有着锐利的眼光，他们所关注的是最后的"获得"，

第10章
所有失去的，都会以另一种方式归来

而不是眼前的收获与利益，他们宁愿以暂时的失去换取永久的获得，这才是一笔划得来的交易。那些鼠目寸光的人，他们不能吃眼前亏，心胸狭隘的他们不能够允许自己有一点点损失，若失去了，就处处较真，异常痛苦，势必要把自己失去的找回来。虽然，他们暂时赢得了小利，但却永远地失去了获得更大益处的可能性。那些真正的好汉，他们愿意吃眼前亏，视野辽阔的他们愿意以小失换大得，最后促成自己的成功。

其实，凡事都是这样，有时候，摆在眼前的不过是蝇头小利，即使你千方百计追寻了，那也不能铸就自己的成功。与其紧紧地抓住眼前的东西，还不如把眼光放长一点，放长线钓大鱼，这样我们才能收获更多的东西。

一件事情，重要的不是现在怎样，而是将来会怎样。要看到事物的将来，就必须有高远的眼光。看清了它的将来，坚定不移地去做，事业就已经成功一半。明智的人总会在放弃微小利益的同时，获得更大的利益。

同样，在这个商业社会的信息时代，我们时时刻刻都面临着各种各样的抉择，在得与失之间，我们常常感到迷惘。而更多的时候，我们舍不得放弃手头实实在在的利益，心里想的也是怎样保证眼前的利益不受损失。殊不知，这样做只会任机会溜走，不但不会有所得，严重的甚至会失去更多。舍小利以谋远，关键在一个"舍"字，只有舍得，才能获得。

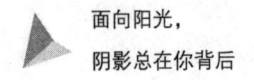

为此，我们一定需要明白以下几点

1. 有些失去是必然的

在人生的路途中，有得有失，失去是为了更好的获得。这样想来，有些失去是必然的，是不可避免的。当我们总想着获得的时候，我们必然会失去一些东西，然后才能获得一些新的东西。如果我们紧紧地抓住手里的东西，不想失去，那我们就没办法获得新的东西。

2. 失去是为了更好的获得

如果我们失去了某些东西，例如心爱的人、稳定的工作等，那些我们觉得难以割舍的东西，最终还是离我们远去了。这时不要较真，处处较真只会让自己更加心烦。我们所需要做的就是从容面对，只有失去了，我们才能寻找更多新的可能，从而获得一些新的东西。

得失淡然，不必较真

生活中，人们总是习惯于得到而害怕失去，虽然有得必有失的道理是人人皆知的，但人们总是为失去而觉得可惜可叹。每当自己失去了某些东西，总要难受一阵子，甚至是痛苦。

有人说，生命本身就是一场不完美的戏剧，它始终有缺

第 10 章
所有失去的，都会以另一种方式归来

憾，它给你带来些什么，也会带走些什么。但无论怎样，你都应该潇洒一点，对于已经失去的，你就当是天空中划过的一道美丽的彩虹，要学会在自己的情绪里寻求解脱。只要你愿意，你可以勇敢地对已经逝去的彩虹说声"再见"，也可以把一切恩怨化作岁月的云烟，于前行里轻松地追逐梦想和信念，只要能坦然面对人生的得失，还有什么让我们畏惧的呢？

塞翁失马，焉知非福。有时候，你以为你失去了，实际上你却得到了最好的东西，人生就是这样。当你为失去而处处较真的时候，你所失去的不仅仅是一份美好的心情，你的不良情绪还有可能影响整个事态的发展。相反，如果对于所失去的，你能完全地放下，那么你将获得一份轻松无比的心情。

的确，月亮也会有圆缺，但依然皎洁，人生即使有缺憾，依然很美丽。曾国藩说："道微俗薄，举世方尚中庸之说。闻激烈之行，则訾其过中，或以罔济尼之，其果不济，则大快奸者之口。夫忠臣孝子，岂必一一求有济哉？势穷计迫，义无返顾，效死而已矣！其济，天也；不济，吾心无憾焉耳。"他把成功与失败都归结于天命，当然免不了唯心，但他对于自己所失去的，总以平常心对待，这就是一种坦坦荡荡的心态。

现实生活中，我们需要正确看待得失，我们要相信，现在我们所拥有的，不管是顺境、逆境，都是人生对我们最好的安排。如此，我们才能在顺境中感恩，在逆境中依旧心存快乐。

对于那些失去的东西,不要为此感到郁郁寡欢,人生总会失去什么,也会得到什么,得失是一种规律,别再纠结失去的,别较真,放手吧,这样我们就可以获得整个世界。

1. 为失去而较真,无疑自寻烦恼

我们总是生活在得失之间,当一个人处心积虑地得到什么的时候,同时也无可奈何地失去了什么。因为鱼和熊掌是不可兼得的,我们所需要的就是这种"得不是喜,失不是忧"的情怀。如果我们能明白生命的可贵,那么就会明白人生最美的是奋斗的过程,为失去而较真,只不过是自寻烦恼。

2. 不为失去而烦恼,抓住眼前的一切

泰戈尔曾说:"曾错过太阳,但我不哭泣,因为那样我将错过星星和月亮。失去了太阳,可以欣赏满天的繁星;失去了绿色,得到了丰硕的金秋;失去了青春岁月,我们走进了成熟的人生。"失去的不能再得到,过去的不能再回来,不如趁机会抓住眼前的一切,珍惜现在所拥有的,说不定我们能收获整个世界。

其实,很多时候,只要自己努力过,得到与失去都没那么重要了,也没有什么可怨恨的了。为人处世,尤其是这样,假如太计较失去的,自己也就没办法认真地做以后的事情。那些患得患失的人总是将得失放在首位,人活一世,即便得到的东西再多,死的时候也带不进坟墓,这又何必呢?如果失去了,那就学会放手,不要较真,不要纠结,这样我们才能收获轻松的心情。

过分执着,就是为难自己

很多时候,我们明知道一些东西是不可能得到的,但是却不肯放弃,非要去争取、去纠结,结果让自己被失败和绝望所俘获,痛苦不已。这时候,如果你能舍得放下,那么你便得到了解脱。因此,我们任何人,都要懂得放下,才能获得心灵的救赎,才能获得真正的快乐。

人生在世,不如意之事十之八九。生活中,难免会遇到许多不如意的事情,这是人生的常态。当然,有些不如意的事情是由于我们自身的原因造成的。人无论成功与失败都要勇于面对自己,如果你陷入一种困境当中,不懂得迂回曲直,仍然坚持己见,一条道走到黑的话肯定是行不通的,这就是人们常说的"钻牛角尖"。实践证明,如果一个人做事总喜欢"钻牛角尖"的话,注定会以失败而告终。

我们先来看看下面一个寓言故事:

从前,有一位潜心布道的神父。

这天,他按照计划来到一个小村庄,他走进教堂,准备为这里的人祈祷。但突然天下起了大雨。不到几个小时的功夫，洪水就淹没了整个村庄，教堂也没有幸免。

他发现，洪水已经淹没他的膝盖。村里的警察很快赶来了，并让他赶紧离开教堂，但神父却固执地说："不，我不走！我坚信仁慈的上帝一定会来救我的，你先去救别人吧！"

过了一会儿，水越来越深了，已经淹没神父的腰部，神父只好站在椅子上继续祈祷。这时，有几个救生员划着船在教堂外大喊："神父，赶快过来，我们救你走！"神父还是执着地说道："不，我要坚守着我的教堂，相信慈悲的上帝一定会将我从洪水之中救出去的。你赶快先去救别人吧。"

又过了半个小时，整个教堂完全被洪水淹没了，神父只好爬上十字架上，在滚滚的洪水中坚持着。这时候，一架直升飞机缓缓地飞到教堂上方。飞行员丢下悬梯，大喊道："神父，快上来吧，这是最后的机会了，我们可不愿意看到你被洪水冲走！"神父依然意志坚定地说："不，我要守住我的教堂！上帝绝对会来救我的。你去救其他人吧。上帝会永远与我同在！"

固执的神父最终也没有逃脱被滚滚洪水冲走的命运……

死后的神父还是有幸到了天堂，他质问上帝，为什么不来救他？上帝回答道："我怎么不肯救你了？你忘记了？第一次，我派人劝你离开那危险的地方，可是你却坚决不肯；第二次，我派了一只救生艇去救你，但你还是一意孤行不肯离开；

第 10 章
所有失去的，都会以另一种方式归来

第三次，我以对待神灵的礼仪待你，又派了一架直升飞机去救你，结果你还是不愿意接受我的救助。是你自己太固执了，总是不肯接受别人的救助。我在想，你是不是太想见到我了，那么，我就成全你吧。"神父顿时哑口无言。

听完这个故事，我们不免觉得有点可笑，这位神父是迂腐且固执的。而我们身边也有不少这样的人，他们在思考问题时，不会变通思路，只认为自己的思路才是最正确的，最终导致严重的后果。对于一个成熟的人来说，固执己见，喜欢"钻牛角尖"，无疑是致命的。因而，你如果想要取得成功，就不要过分执着，要懂得包容。那么，如果我们想要改变这一现状的话，应该从哪些方面做起？

1. 包容自己的缺点，允许自己有不足的地方

金无足赤，人无完人，我们每一个人都不可能成为十全十美的人。你如果想要学会包容，首先要学会客观地认识自己，主动接受自己的弱点与不足，允许自己有不如别人的地方，接受自己的缺点与不足并不是什么难堪的事情。你只有认可这一点，才能更有利于你从心里认识到自己的不足之处。

2. 学会接受现实，勇于承认自己的失利

虽然，出发点很完美，然而并非总能达到理想的彼岸。我们对于自己所犯的错误或失误要主动面对，敢于承认自己的失利，不要为了保全面子，而故意扭曲自己的意图，或者是在明

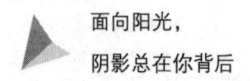

确知道自己的行为后果时，仍然要固执前行，这种"明知山有虎，偏向虎山行"的做法，也只是送羊入虎口而已，这并不是一种勇敢，而是一种愚蠢的行为。

3. 学会接受别人的意见与建议

一个喜欢"钻牛角尖"的人，其最终结果只能让亲者痛，仇者快。为了避免发生不好的事情，某些情况下，我们要学会聆听他人的意见与建议，特别是对于一些朋友的忠告更应该虚心听取才是，过样可以避免出现言行过激或者极端化倾向。

俗话说："听人劝，吃饱饭。"任何一个喜欢钻牛角尖的人只会让自己脱离成功之道，更会加快失败的脚步。你如果想要拥有成功，就应学会接受他人的意见，用包容的心去面对人生的不足，多角度地考虑问题。

第11章
微笑向暖,阳光中微笑是你最美的姿态

哲人说:"快乐没有父亲,没有一个快乐曾经向前一个学习,它死去,没有继嗣。而悲哀却有悠久的传统,从眼传到眼,从心传到心。"在人生的旅途中,假如遇到了令自己悲哀难过的事情,那么,停下来,抬头看看阳光,让温暖照进你的心田,因为在阳光中微笑的你是最美的。

面向阳光，
阴影总在你背后

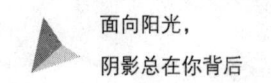

换个角度看问题，就会获得全然不同的心境

曾经有两个人一起旅行，他们在沙漠中行走了很久，食物早就吃完了。他们停下来休息的时候，其中一个人拿出剩下的半壶水，问另外一个人："现在你能看到什么？"

被问的人答道："只有半壶水了，唉……"

而发问的人说："我看到的是，居然还有半壶水，我们又能撑一段时间了。"

最终，发问者靠着剩下的半壶水走出了沙漠，而被问的人却只走了一半，最终葬身在沙漠中。

为什么同样是半壶水，两个人的想法却完全不一样？最终结果也不一样？这就是因为他们的心态不同。你拥有什么样的心情，世界就会向你呈现什么样的色彩。

其实，人生就是这样，无论你处于什么样的境地，多角度看问题，你就会发现我们打开了心灵的另一扇窗户，你会发现人生其实是美好的，而我们所遭遇的那些根本算不了什么。人生之路本就是一条曲折之路，当我们被绊倒的时候，不妨沉下心来静静地思考，以一种积极、乐观的态度去面对人生中的一切。从不同的角度看问题，会让我们获得一种全然不同的心境。所以，学会多角度看问题吧，这样你会发现事情远没有想象中那么糟糕。

有四个小孩在山顶上玩耍，正玩得起劲的时候，突然，从不远处窜出来一个大狗熊。第一个小孩反应很快，拔腿就跑，一口气跑了好几百米。跑着跑着，他感到身后好像没有人，他回头一看，其他三个孩子都没有动，他大声喊道："你们三个怎么还不跑呀，狗熊来了会吃人的！"

第二个小孩正在系鞋带，他回答说："废话，谁不知道狗熊会吃人呀，别忘了狗熊最擅长的就是长跑，你短跑有什么用？我不用跑过狗熊，只需要跑过你就行了。"这时，他惊奇地问旁边的小孩："你愣着做什么？"第三个小孩说："你们跑吧，跑得越远越好，一会儿狗熊跑近我的时候，我和它保持安全距离，我带着狗熊，跑到我爸爸的森林公园，白白给我爸爸带回一份固定资产。"说完，他忍不住问第四个小孩："你怎么不跑啊，等死呀？"第四个小孩说："你们瞎跑什么呀，老师说了在没有搞清楚问题的时候，不要乱做决策，不要乱判断，需要做市场调查，狗熊是不会轻易吃人的，你们看山那边有一群野猪，狗熊是奔着野猪去的，你们跑什么呀？"

面对"狗熊来了"这同一件事，不同的小孩有不同的思维方式，而每一种思维方式都比前一种考虑得更周到。事实上，

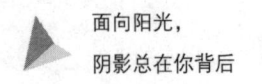

当我们试着多角度看问题的时候,你会发现"狗熊"其实并不是冲你来的,你内心那些恐惧和忧虑是多余的,完全没有必要,生活依然是美好的,我们完全可以放下心中沉重的包袱。每一个人眼中都有一个与众不同的"小宇宙",不同的人在各自的"小宇宙"中发现着不同的色彩,演绎着各自的人生。

生活的快乐与否,完全取决于个人对人、事、物的看法如何。你的态度决定了你一生的高度。你认为自己贫穷,并且无可救药,那么你的一生将会在穷困潦倒中度过;你认为贫穷是可以改变的,你就会积极、主动地面对贫困。心态决定我们的生活,有什么样的心态,就有什么样的人生。

面对人生的烦恼与挫折,最重要的是摆正自己的心态,积极面对一切。再苦再累,也要保持微笑。笑一笑,你的人生会更美好。

没有苦难,我们会经不起风雨;没有挫折,成功不再有喜悦;没有沧桑,我们不会有同情心。因此,不要幻想生活总是那么圆满,生活的四季不可能只有春天。每个人的一生都注定要经历沟沟坎坎,品尝苦涩与无奈,经历挫折和失意。

学会对生活笑一笑,感受生命的美好

有人说,态度决定一切,这话是很有道理的。不同的心态

第11章
微笑向暖，阳光中微笑是你最美的姿态

让我们看问题时候的眼光、角度都是不相同的，在事情产生的结果上也是不同的。

生活中，很多人总是抱怨自己活得累，烦恼不断。但事实上，谁没有烦恼呢？只要生存着，就有烦恼。痛苦或是快乐，取决于你的内心。人不是战胜痛苦的强者，便是向痛苦屈服的弱者。再重的担子，笑着也是挑，哭着也是挑。再不顺的生活，微笑着撑过去了，就是胜利。有很多烦恼和痛苦是很容易解决的，有些事只要你肯换种角度、换个心态，你就会有另外一番光景。所以，当我们遇到苦难挫折时，不妨把暂时的困难当作黎明前的黑暗。

黑人总统曼德拉曾经有过27年的监狱经历。那时，他是监狱的重点政治犯。每天都要在罗本岛监狱的采石场做苦工，在持枪看守的监督下拼命搬运石头，动作稍慢就有被毒打的危险，一旦踏出采石场的边缘，就会被无情地射杀。并且因为石灰石在阳光的照射下，有极强的反光性，以至于他的视力逐渐下降。然而，就是在这样非人的折磨下，他却向监狱长提出了在监狱的院子里开辟一片菜园子的要求，经历了无数次的拒决，5年之后他终于实现了愿望。正是那一片菜园，给了他和监狱中的犯人们无限的希望，甚至使得囚犯和狱警们的关系逐渐地和谐起来。

生活的快乐与否，完全由你自己决定。你的态度决定了你一生的高度。你若是觉得自己无法实现自己的梦想，那么你将注定与成功无缘。你若是相信靠自己的力量能改变自己的命运，那么你的人生将会是另外一番景象。心态决定我们的命运，播撒下不同的心态，将收获不同的人生。不如学会对生活笑一笑，感受生命美好。

1. 每天对自己笑一笑

曾经有报道说，日本人为了改变自己压抑的性格，从而便于与外向的西方人打交道，他们采取了一种训练笑容的方法：在下班之前的半个小时里，每人拿起一支筷子，横着咬在嘴里，固定好脸部表情后，将筷子取出。此时人的脸部基本维持一个笑容的状态，再发出声音，就像是在笑了。

这种看似荒谬的做法却是有科学依据的。心理学家普遍认为除非人们能改变自己的行为，否则通常不会改变情绪。其实，我们在生活中都有这样的体会，当孩子哭泣时，我们会逗他们说："笑一笑呀！"结果孩子勉强地笑了笑之后，跟着就真的开心起来了，这就很好地说明了行为的改变将导致情绪改变。

笑是生活中必不可少的调节剂和兴奋剂。用不同的态度面对生活，生活也会展现出不同的面貌。你有选择的权利，是哭还是笑，是积极还是消极。想要生活过得更加愉快，不妨学着每天对自己笑一笑。笑出一个新的开始，笑出一个好心情，笑出面对艰难时的勇气，调节自己的情绪，让快乐与自己相伴。

2. 笑着发现生活的美好

微笑是一种正能量。当你遇到挫折时，微笑面对生活，将艰难困苦当作成功的阶梯，把失败的经历当作成功路上的美丽风景，那些困难就不再那么可怕。当你遇到烦恼时，微笑面对，可以让自己的思想得到解脱，获得愉快的心情，从而发现生活中的美好与希望。每天对自己笑一笑，开始全新的一天，我们会发现人生的一切都是美好的。这是健康心态的基础。

3. 微笑面对生活中的快乐和苦难

在我们成长的路上，总是伴随着欢声笑语和辛酸的泪水，总能感受到成功的喜悦和失败的沉痛打击。没有经历过失败的人生是不完整的，总是会有这样那样的失意和磨难相随我们左右。不管我们遇到什么困难，我们都应该以平和的心态对待，用微笑面对生活，笑对人生。

4. 笑对于身心健康十分重要

美国心理学家威福莱博士认为："笑是一种化学刺激反应，它激发人体各个器官活动，尤其是激起大脑和内分泌的活动。"笑对人的身心健康是十分重要的。微笑是最简单的表情，却是人体健康长寿不可缺少的条件。笑不仅有助于神经系统的稳定和免疫力的增强，对人体健康也有积极作用。

当我们微笑的时候，身体内的所有器官都会产生连锁反应，并且收效极佳。笑这个动作，加速了我们呼吸的频率，

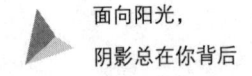

从而使我们胸腔内的横膈膜得到充分的伸展,还能充分调动脖子、腹部、脸部以及肩膀肌肉的活动。与此同时,微笑时能摄入更多氧气,从而增加血液中的含氧量,加速疾病的痊愈,另外对血管的伸张也有促进作用。

生活给了我们选择,是选择快乐的生活,还是让生活深陷黑暗,都由自己决定。如果你觉得生活中的快乐越来越少,不妨试着对自己笑一笑,保持微笑,直面生活中的各种困难,总有一天你能够冲破黑暗,重新获得快乐。

微笑着面对苦难,与苦难一起成长

生活中,虽然我们总是把"一帆风顺""万事如意"等美好的祝福语挂在嘴边上,但事实上我们真的很难拥有顺风顺水的人生。大多数人生都必然要经历坎坷和挫折,最终才能守得云开见月明。也不排除有些人生始终磕磕绊绊,遭遇苦难几乎已经成为生活的常态。在这种情况下,我们是一味地逃避现实,祈祷顺遂的人生到来,还是勇敢地面对和接受现实呢?大部分人都会选择前一种做法,但是真正正确的做法却是后者。

命运的力量是强大的,尽管我们经常说要成为命运的主宰,但我们首先还是应该掌握与命运的相处之道。当你与命

第 11 章
微笑向暖，阳光中微笑是你最美的姿态

运背道而驰，命运让你往东，你偏偏要往西，在此过程中还不停地自欺欺人，那么你一定会被命运更加残酷地纠缠，直到你筋疲力尽彻底屈服为止。我们的确要改变命运，成为命运的主宰，但是这么做的前提是接受和顺应命运，从而找到与命运的最佳契入点。如果你总是不能接受现实，那么你一定会被痛苦纠缠住，甚至为此寝食难安、焦虑不已。相反，当你接受现实，坦然面对命运的安排，从而再心平气和地寻找征服命运的最好方式，则成功的概率会提高很多。

因此，我们可以说，对于生活中出现的很多困境，我们只有坦然接受，勇敢面对，才能找到与它们之间最好的相处办法，从而了解它们，找到最佳的解决办法。既然痛苦不会因为我们的焦虑而减轻分毫，那么我们完全有理由拥抱痛苦，从而最大限度地与痛苦和谐共生，直到彻底消除痛苦。

伊丽莎白·康莱来自俄勒冈州，她在经历无数困难和挫折之后，终于懂得了一个道理：接受既成的事实，其他别无选择。

曾经，伊丽莎白一直觉得自己过得非常美好，她喜欢自己的工作，她帮助抚养的侄子也长大了。她觉得这个世界是如此的美好，曾经喝白开水吃面包的苦日子终于到头了。然而，这一切都在美军在北非获胜的那一天破灭了。

那一天，伊丽莎白收到了来自作战部的电报：自己最疼爱的侄子在战场上失踪了。还没等伊丽莎白缓过神来，她又收到

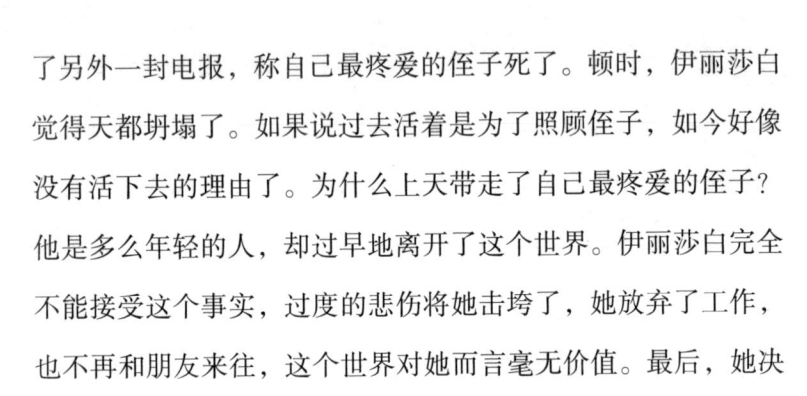

了另外一封电报，称自己最疼爱的侄子死了。顿时，伊丽莎白觉得天都坍塌了。如果说过去活着是为了照顾侄子，如今好像没有活下去的理由了。为什么上天带走了自己最疼爱的侄子？他是多么年轻的人，却过早地离开了这个世界。伊丽莎白完全不能接受这个事实，过度的悲伤将她击垮了，她放弃了工作，也不再和朋友来往，这个世界对她而言毫无价值。最后，她决定离开家乡，找寻一个地方独自悲伤。

然而，就在伊丽莎白打算辞职、清理桌子的时候，她忽然看到了一封信，那是几年前母亲去世时侄子寄给自己的，或者说这是一封安慰信。伊丽莎白再次读这封信："当然，我们肯定会无比怀念她，特别是你。但是，我知道你会继续好好生活的，因为我对你有信心，你会勇敢地生活下去的。在过去你就是这样教育我的，不论我走到哪里，不论我们距离有多么遥远，我依然记得你当初对我的教诲，你说我要像一个真正的男子汉，微笑着接受来自命运的任何考验。"

伊丽莎白将这封信读了一遍又一遍，好像侄子就站在她面前，与她对话："你为什么不按照你曾经教给我的那样去做呢？勇敢坚持下去，不论发生什么事情，记住微笑面对，继续生活下去。"

伊丽莎白受到了鼓励，她开始像以前一样努力工作。她决定不再悲伤难过，然后不断地自我激励：事情已经发生了，既然我无力去改变，那就选择接受吧。现在我会按照侄子所希望的那样好好活着。伊丽莎白将全部的思想和精力都付诸于工作中，她还写信鼓励在前方的士兵们，晚上则参加成人教育班；她找到了生活中新的兴趣，认识了新的朋友。后来，连伊丽莎白本人都不敢相信自己竟然发生如此大的变化，她已经不再为过去那些事情而悲伤了。她开始了自己的新生活，就好像侄子所期望的那样。她接受了命运的安排，生活恢复到当初的平静，不过她现在的生活比过去更充实、更完整了。

哲学家叔本华曾说："逆来顺受是人生的必修课程之一。"伊丽莎白的故事告诉我们一个道理：我们必须接受那些不能够改变的事实，并试着适应它。已故的乔治五世曾经在白金汉宫的图书馆里装裱了几句话："教我不要为月亮哭泣，也不要为错误而后悔。"既然事情已经这样了，那就别无选择，即便是这个一国之君也会这样安慰自己。

当你把痛苦变成心尖上的刺，痛苦就会不停地扎痛你、刺穿你。当你拥抱痛苦，将其变为自己的一部分，它就再也无法伤害你。哭着也是一天，笑着也是一天，痛苦从来不会因为你的糟糕感受而消失，反而会因为你的愉快和幸福而退缩在角落里，直至烟消云散。既然如此，就让我们用宽容博大的胸怀，用充满爱的心灵，消融痛苦吧。

面向阳光,
阴影总在你背后

身处绝境,也不要放弃希望

人生在世,总有种种的不如意,但是,一个意志坚强的人能够将逆境变为顺境,在挫折中寻找转机,他们在逆境中坚定地走了下去,最后获得成功。相反,有的人缺少生活的历练,一旦遭遇挫折或身陷逆境,就被打倒在地,再也站不起来。一次输给了自己,就意味着永远输给了自己。每个人都渴望生活如鱼得水,都希望事业获得成功,但是,上帝不会把这些白白赠予你,只有不畏惧逆境成功才会属于你。

其实,在这个世界上,大多数人的一生都伴随着无数个失败。面对失败,有的人能够鼓起勇气重新来过,所以他们成功了;而有的人却只知道悲观绝望,这就注定了他们的一生必然碌碌无为。纵观那些"发明家""文学巨人"的成功史,我们可以发现,大多数功成名就的伟人,都有着坎坷挫折的人生,而他们之所以能够最终获得成功,正是因为他们从不放弃,更不会自暴自弃。他们能够正确地对待失败,从失败中吸取经验和教训,从而一脚踢开失败这个绊脚石,踏上成功的康庄大道。例如,伟大的发明家爱迪生一生之中有很多项发明,也同时经历了无数次失败,他的每一项发明成果都是建立在失败的基础之上的。即便是那些举世瞩目的诺贝尔奖的获得者,也都曾经有过失败的经历,他们的成功,完全得益于他们在失败之中的坚持。

一个小男孩在大街上玩耍，不小心被迎面而来的汽车撞到了。由于被及时送往了医院，小男孩保住了性命，但却失去了双手。那时，小男孩才5岁，他并没有发觉自己与他人有什么不同，但是，到了读书的年龄，他发现自己无法像其他孩子一样用手翻书、穿鞋子，而且，他也因此被学校拒之门外。

当小男孩看着其他孩子兴高采烈地去上学的时候，他总是伤心地问妈妈："妈妈，我没有手，我不能上学，怎么办呢？"妈妈心里也不是滋味，但她总是怜爱地摸着男孩的头安慰他："孩子，不要紧的，只要你坚持锻炼，你的手还会再长出来的。"听了妈妈的话，小男孩笑了。于是，他每天坚持练习，学会用脚吃饭、写字，他心里充满了对生活的希望，因为他坚信只要自己努力练习，手还会再长出来的。

几年过去了，小男孩虽然每天刻苦练习，但是，他的手还是没有长出来。他不解地问妈妈："妈妈，我的手怎么还没有长出来呀？是不是我练得不够刻苦？"妈妈认真地看着小男孩的眼睛，说道："傻孩子，你看别人用手能做的事情，你什么都会做啊。"小男孩自信地说："是的，我的脚都会做，比其他孩子用手做得还要好呢。"妈妈欣慰地点点头："那你说你的手长出来了没有？记着，孩子，每个人都有一双有力的手，而这双手就在你的心里，只要你愿意，它就能帮助你战胜一切

面向阳光，阴影总在你背后

困难和不幸。"小男孩终于明白了，那经过了千锤百炼的手永远不会断，它长在人的心里。

我们任何一个人在成长的过程中，都将注定经历不同的苦难、荆棘，那些被困难、挫折击倒的人，他们必须忍受生活的平庸；而那些战胜苦难、挫折的人，他们终将能够突出重围，赢得成功。亚伯拉罕·林肯在一次竞选参议员失败后这样说道："此路艰辛而泥泞，我一只脚滑了一下，另一只脚也因而站不稳；但我缓口气，告诉自己这不过是滑了一跤，并不是死去而爬不起来。""一个人克服一点儿困难也许并不难，难得的是能够持之以恒地做下去，在人生的逆境中坚定地走下去，直到最后的成功。"

有一个悲观主义哲学家说："我们在出生时之所以哇哇大哭，是因为我们预知生命必然是充满痛苦，至于迎接新生命到来的成人之所以满心欢喜，是因为这世上又多了一个人来分担他们的苦难。"事实上，人生旅途中的苦与乐，都是自己内心的感受，一切都是靠我们自己来体验，诸如挫折、失败，或许我们在遭遇它们时会感到痛苦，会埋怨上天的不公平，但正因为有了挫折与失败，我们才有可能变得更加坚强、勇敢。即便是在绝境之中，也有一丝希望，我们要善于抓住希望，从而领悟到快乐的真谛。

第 11 章
微笑向暖，阳光中微笑是你最美的姿态

始终记住，明天的太阳依然会升起

在生活中，一些人一旦遇到什么不如意的事情，就觉得自己倒霉了，走到人生的绝路了，于是他们开始自暴自弃，甘愿被失败打败，最终他们彻头彻尾地成了一个失败者。其实，这些人是被失意的情绪蒙蔽了自己的眼睛，他们浑然忘记了明天的太阳还会照旧升起，他们终日沉浸在失意的痛苦中，最后也被这痛苦所吞噬。

吕坤在《呻吟语》中这样写道："在遭遇困难的时候，内心却居于安乐；在地位贫贱的时候，内心却居于高贵；在受冤屈而不得伸的时候，内心却居于广大宽敞。就会无往而不泰然处之。把康庄大道视为山谷深渊，把强壮健康视为疾病缠身，把平安无事视为不测之祸，那么你在哪里都不会不安稳。"

人生在世，遭遇困难都是暂时的，这是上天为了给我们更多考验的机会，只要熬过失意的痛苦与疲惫，我们就可以重新扬起生活的风帆。

第二次世界大战后，一位名叫罗伯特·摩尔的美国人在他的回忆录里写下了这样一件事：

那是1945年3月的一天，我和我的战友在太平洋海里的潜水艇里执行任务。忽然，我们从雷达上发现一支日军舰队朝着我们开来。几分钟后，6枚深水炸弹在我们潜水艇的四周炸开，把我们直压到海底280英尺的地方。尽管如此，疯狂的日军仍不肯罢休，他们不停地投下深水炸弹，整整持续了15个小时。在这个过程中，有十几枚炸弹就在离我们几十英尺的地方爆炸。倘若再近一点的话，我们的潜艇一定会被炸出一个洞来，我们也就永远葬身太平洋了。

当时，我和所有的战友一样，静躺在自己的床上，保持镇定。我甚至吓得不知如何呼吸了，脑子里仿佛蹿出一个魔鬼，它不停地对我说：这下死定了，这下死定了。因为关闭了制冷系统，潜水艇内的温度达到40多摄氏度，可是我却害怕得全身发冷，一阵阵冒虚汗。15个小时之后，攻击停止了，那艘布雷舰在用光了所有的炸弹后开走了。

我感觉这15个小时好像有15年那么漫长，在这段时间里，我过去的生活片段一一浮现在我眼前，那些曾经让我烦恼过的事情更是清晰地浮现在我的脑海中——爸爸把那个不错的闹钟给了哥哥而没给我，我因此几天不跟爸爸说话；结婚后，我没钱买汽车，没钱给妻子买好衣服，我们经常为了一点芝麻小事而吵架……

但是，这些在当时看来很令人发愁的事情，在深水炸弹威胁我的生命时，都显得那么荒谬、渺小。那时，我就对自己发誓，如果我还有机会重见天日的话，我将永远不再计较那些眼前的小事了。

第11章
微笑向暖，阳光中微笑是你最美的姿态

的确，只要生命还在，还有什么难事呢？很多事情在我们经历时总也想不通，直到生命快到尽头时才恍然大悟，如果上帝不再给我们一次机会，那岂不是永远的遗憾！可见，一切烦恼对于生死来说都是小事，只要有一颗乐观充满希望的心灵，即使身处磨难重重的地狱，也能够开垦出人生的伊甸园。有了对未来的希望，就能让我们对苦难甘之如饴。

失意的情绪是折磨人的：低落、痛苦、沮丧。稍有不慎，我们就会被这样的情绪牵着鼻子走，在失意的情绪中自暴自弃，绝望地把自己的生命往悬崖上推，最后毁灭自己。当我们遭遇失败，产生失意的情绪是难以避免的，但是，假如我们一味沉浸其中，甚至被其蒙蔽了双眼，那失意就会如影伴随。如果我们换个角度，或者看看周围，努力摆脱这种负面情绪的困扰，那我们最终会成为一个得意者。

生活在世界上的每个人，都会经历不同程度的困境。困境是生命过程中的一部分，因困境产生的失意情绪也是不可避免的，但是在失意中沉沦还是在失意中崛起，全在我们自己是否心中时刻充满着希望。所以，当困难与挫折来临的时候，应平静面对，不要被失意的情绪蒙蔽了双眼，要积极乐观地去处理，只要我们心中怀着希望，那就有了战胜困难的勇气。

第 12 章
探秘幸福，享受当下是幸福最简单的模式

生活中，我们每一个人都在追求幸福。然而，什么是幸福？可能很多人都会对此发出疑问。心理学家认为，真正快乐的人，会在自己觉得有意义的生活方式里，享受它的点点滴滴。的确，人生苦短，要想把握住幸福，那么就要活在当下，珍惜每一天，享受工作，享受学习，享受生活，认真去享受当下的每一分快乐。那么，你的人生就是幸福的了。

面向阳光,
阴影总在你背后

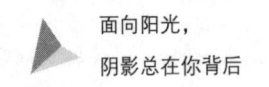

着眼当下,就是营造最好的未来

生活中的每一个人都有自己的理想,并且,大多数人都在为自己的理想奋斗着。但我们不得不承认的一点是,很多人对理想的憧憬过了头,如果你每天都在展望自己的未来而不踏实工作、生活的话,那么,让心智沉浸其中,只会陷入人生的低谷。

有首古诗说得好,"明日复明日,明日何其多。我生待明日,万事成蹉跎。"我们每个人都应该追求自己的梦想,但更应该明白一个道理——静心,着眼于当下,才能营造出最美好的未来。只有把每一天过得实在有意义,把每一天的学习、工作任务及时完成了,你才能在每一天悄悄地成长、慢慢地长大。当你回过头来的时候,你会惊讶地发现,原来自己的每一天过得是这样的充实,你会为自己而感到骄傲和自豪。

的确,今天不过去,明天就不会来到,再伟大的理想,如果没有一天一天的累积,也会倾塌。生活中,输得最惨的往往是聪明人而不是笨人。原因就在于笨人知道自己不够聪明,只能靠苦干、实干才能创造好的生活,最终他们如愿以偿了;而聪明人做事时则不肯下力气，总想着要小聪明，投机取巧，所以往往输得很惨。因此智慧和实干比起来，实干更加不可或缺。

一个人，如果不重视眼前的实际，身处"这山望着那山高"的境地时，那表示他忘记了理想必须扎根在现实的土壤上，否则只能被理想和现实同时抛弃。你在人生的过程中会看到许多山峰，但你不可能翻越每一座山峰，得到所有美好的东西。命运对任何人都是公平的，当你为没有得到而苦恼时，还是仔细想一下自己将会失去什么吧！

着眼于当前，就需要我们重视当下工作生活中的每一件小事、每一个细节。生命中的大事皆由小事累积而成，没有小事的累积，也就成就不了大事。只有了解了这一点，我们才会开始关注那些以往我们认为无关紧要的小事，开始培养自己做事一丝不苟的美德，养成做事不打折扣、不留尾巴的习惯，养成做事少出差错甚至不出差错的习惯。

作为走向社会不久的年轻人，让自己沉下心来进入角色是非常重要的，越早进入就意味着越早地步入事业的轨道。每天都让自己成熟一些，浮躁之气自然会少下来。

一位父亲告诫他的孩子说：

"无论你以后做什么样的工作，都要做到一丝不苟、认认真真、全力以赴。要是你能做到这一点，你就不必担忧自己没有好前途。你看这世界上，到处都是散漫、粗心的人，做事善始善终的人是供不应求、深受欢迎的,只有认认真真做事的人才是未来能够参与竞争的成功者。"

这位父亲的话是有道理的,一个人的成功并不在于他在做什么,而在于他有没有做到最好。成功者之所以成功,就是因为他们具备一个品质:专注于一件事并追求极致。因此,我们在学习、生活和工作中应该以更高的标准来要求自己,能做到更好,就必须做到更好,能完成百分之百,就绝不只做百分之九十九。

当然,做好每一件事、过好每一天,并不是要求我们做一个工作狂,相反,在努力工作的同时,我们依然要懂得享受每一天美好的生活。享受生活归根结底是一种心境。享受的关键在于寻找快乐的人生,而快乐并不在于你拥有多少、获得多少、生活质量如何,而是在于你怎样看待周围的人和事情,怎样让自己有一颗接纳一切快乐事物的心。

珍惜当下拥有的,幸福就会常伴左右

幸福是我们每个人都追求的,然而,什么是幸福?可能不少人会说,幸福应该就是坐拥财富与地位,或者是美满的家庭,或者是健康与长寿,或者是美貌与事业,或者是吃得好、穿得好。虽然,每个人都在追寻幸福,并且在大多数人的观念

第 12 章
探秘幸福，享受当下是幸福最简单的模式

里，幸福被赋予了不同的定义，但仔细琢磨这些字眼，在所有有关幸福的定义里，人们似乎总是在追求着某种表面的东西，而忽视了其内心所需。对此，心理学家认为，这种所谓的幸福定义其实是错误的，因为幸福并不是某种固定的实体，而是一种精神与物质的统一，它更多地表现在精神体验上。

幸福的源泉，在于懂得知足和对生命的感恩。珍惜当下的生活，这是最可贵的；知足于当下的生活，这是最幸福的。当我们珍惜了生命，生命就会变得更长久；当我们珍惜了家人与朋友，我们便能在其中获得快乐与幸福。在这个物欲横流的时代，你拥有非常多的金钱并不能说明你有多幸福，你拥有非常高的社会地位与非常大的权势并不能证明你比他人更幸福。然而，只要你能够珍惜每一天，怀着一颗感恩的心，那每一天都是幸福的。那么，你珍惜今天了吗？感恩你所拥有的一切了吗？

莫妮卡是一位事业型女强人，今年35岁了，和丈夫的婚姻也面临七年之痒。

但就在这一年，莫妮卡的生活发生了翻天覆地的变化。准确地说，一场灾难改变了她的生活，但也让她明白了什么是幸福。

事情是这样的：

在丈夫即将出国前，她发现，她身边的任何一个女性朋友，无不是住着豪华别墅，她们的丈夫或者情人也无不是行业内的精英或者大老板，而自己的丈夫只不过是一个技术人员，

他的收入让自己过着不温不火的日子。这样的日子她已经受够了，同是名牌大学毕业，为什么自己和姐妹们的命运如此不同？

于是，她和丈夫不断争吵，但正如人们所说的，"家和万事兴"，不兴，则祸事而至。一天，她在上班的路上，出了车祸，等她从昏迷中醒来，她发现，身边那个男人已经泣不成声。那一刻，她发现了这个男人的好，她想起了他们恋爱的那些日子。

那时候，她是个害羞、胆小的姑娘，因为担心自己不够优秀，所以不敢去爱优秀的男孩；因为害怕将来失去，所以索性现在拒绝，但真的拒绝了，又怅然若失。直到有一天，她恍然大悟——她遇到一个男人，他们一起收养了一只小狗，再后来，他们相爱了。一次闲聊时，她问他："如果哪天出现了比我更好的女孩……"他说："如果有一天，你遇到了比现在这只小狗更可爱的……"她说："我不会的，这小狗跟了我那么长时间，我们有感情了。"他说："哦，原来你懂得感情。我还以为你不懂呢。"于是，很快，尽管遭到很多人的反对，但他们还是结婚了。

直到发生车祸那一刻，付出了沉重得不能再沉重的代价，莫妮卡才知道真爱是不可以算计的，因为人算不如天算——如果一个人爱你，他必须爱你的生命，必须肯与你患难与共，必须在你危难的时候留在你的身边而不是转过脸去。否则，那就不叫爱，那叫"醒时同交欢，醉后各分散"，那种爱，虽然时

第 12 章
探秘幸福，享受当下是幸福最简单的模式

尚，虽然轻快，但是没什么价值。

这场车祸后，莫妮卡在丈夫的照料下，很快康复了，和她的身体一样，她的婚姻也逐渐恢复了往日的神采。

这个故事中，我们看到了一个已婚女人的心路历程。她应该感谢这场车祸，让她看到了自己的幸福，抛开了那些世俗的想法。

现实生活中，可能我们的周围有很多像莫妮卡这样的人，他们经常抱怨道："哎！工作太累，天天都有做不完的活，连喘口气的机会都没有！""看看我们公司的那伙人，那是什么素质，简直没法说！""我们家那位一天只知道挣钱，连结婚纪念日都忘记了。""我怎么就生了这么笨的一个儿子，学习上好像从来不用脑子。"抱怨就像瘟疫一样在我们周围蔓延，愈演愈烈。其实，人们牢骚满腹，是因为他们不懂得珍惜，他们只看到生活不如意的地方，而没有把眼光放到美的一面。其实，只要我们学会珍惜当下所拥有的，幸福就会常伴我们左右。

要想获得幸福并不难，只要我们学会珍惜，这样你就会发现：我是个淳朴的人，我有着可爱的孩子，我的爱人对我很忠贞。这样，你还会羡慕那些浮华的生活吗？还会抱怨吗？

不得不承认，认为自己可以获得更多，总是苛求生活，是人们不快乐的主要原因。他们总是按照一个不切实际的计划生活，总是跟自己过不去，总认为自己时机未到，所以整天都闷闷不乐。而快乐的人则能看到生活中美好的一面,他们抱着知足的心,工作生活起来都开心、满足、有滋有味。因为他们懂得生活的艺术,知道适时进退、取舍得当。将快乐把握在今天,而不是等待将来。事实上,我们每天可以做自己喜欢的事情,不在乎表面上的虚荣,凡事淡然、不苛求,那么快乐、幸福就离我们不远了。

什么是幸福?幸福是一种心境,淡泊宁静,不计较得失,不在乎成败。这是一种睿智的生活态度和生活方式,是对现代文明压抑的一种反抗。

人不能改变过去,也不能控制将来,人能控制改变的只有此时此刻的想法、语言和行为。过去和未来的东西都虚无缥缈,只有当下才是真实的。因此,一个人的生命不管能否长久,过程应该是丰富多彩的,人生的道路应该是宽阔有风景的,享受过程应该是愉快幸福的。我们每个人都应该珍惜明天的到来。

实际上,一个人的人生坐标定在什么位置,就有什么样的幸福。最大的幸福莫过于好好活着,珍惜今天,珍惜当下。人生在世,会经历许多事情,坎坎坷坷,酸甜苦辣,人皆有之。一帆风顺,只是祝福语,是一种愿望。其实,幸福就在我们身边,是要靠我们自己寻找和创造的。

第 12 章
探秘幸福，享受当下是幸福最简单的模式

亲近大自然，享受最纯净的美好

尘世中的人们，难免因为一些琐碎事件而影响心情，我们的烦恼会不断增多，日积月累，我们心灵的垃圾就会堆积起来，对幸福的感知能力越来越差，这对于我们的身心健康是极为不利的。因此，现代城市人寻求到了一种释放压力、忘却烦恼的方法——走进大自然。大自然的奇山秀水常能震撼人的心灵。登上高山，会顿感心胸开阔；放眼大海，会有超脱之感；走进森林，就会觉得一切都那么清新。

我们试想一下，在空旷的原野，当你仰面躺在大地母亲的怀抱中，闭上眼睛，静静地感受阳光在自己身上的尽情抚摸，你的心里是否异常温暖和宁静。心理学的实践证明，当有心理问题的人跑到大自然中，会全身心融入自然，忘却烦恼，并可由此产生一种感悟，从而让压力烟消云散。

曾经有个男青年，他与相恋两年的女友分手了。男青年十分钟情于女友，分手之后的一段时间，他终日茶饭不思，夜不能寐，十分痛苦，身体也大不如从前。爱恨交织之下，他居然萌生了报复她的念头。

男青年的一帮朋友看在眼里，急在心上，生怕他做错事。后来，他们想到一个方法——多带男青年出门走走。于是，周末带他走进大山大河，投入大自然的怀抱。他们寄情于山水之

面向阳光，
阴影总在你背后

中，并用许多事实和道理开启他，让他学会忘却。山的博大胸襟，江的容纳气度，水的坚韧品质，朋友们清泉般穿透心田的良言，终于让他明白了许多。渐渐地，他从伤痛的沼泽地里走了出来，也十分庆幸当初荒唐的想法没有付诸行动。

的确，当我们心理不平衡、有苦恼时，应到大自然中去。山区或海滨周围的空气中含有较多的阴离子，阴离子是人和动物生存必要的物质。空气中的阴离子越多，人体的器官和组织所得到的氧气就越充足，新陈代谢机能便越旺盛，神经体液的调节功能越增强，就有利于促进机体的健康。越健康，心理就越容易平静。

如今，越来越多的人涌入城市，飞速发展的城市更是标志着人类走向文明和成熟。但是，凡事都有两面性，在走进城市的同时，我们无疑失去了大自然。大多数人身处闹市，整日面对着鳞次栉比的高楼，在闪烁的霓虹灯之下，我们已经遗忘大自然的味道。猛然惊醒的时候，我们才发现自己更需要的是一轮满月的天空、一份清新纯净的空气、一汪清澈流淌的河水……绿是生命的颜色，代表着无限的希望。很多人都听说过绿色覆盖率这个名词，其实，一个城市的绿色覆盖率指的是这个城市的氧气指标值以及空气净化度的最快提升因素。有人去过高原，一定知道高原上氧气稀薄，这主要是因为恶劣的高原环境让植被无法存活下去，而植物的光合作用则可以迅速生成

第12章
探秘幸福，享受当下是幸福最简单的模式

人类所需的氧气。为此，有植物的地方才更适合人类的生存。所以，我们应该为自己生活在平原地区而感到幸运，假如生活在一个植被丰富的城市里，则更是一种莫大的幸福。如今，很多楼盘以"森林城市"命名，其实就是为了说明这座城市被森林所环抱。

大自然让人感到亲切。人类是在大自然当中生存发展的，人类本能中对自然界有种亲切感，而大自然的节律有利于人类的发展。

我们应掌握两点与大自然亲近的操作诀窍。

1. 一旦走入大自然，就要全身心地投入当中去。例如，到草地上躺躺，到大树下睡一觉，将脚放到流淌的清泉里，还可以钓鱼、赏花，或者只是呼吸品味大自然中的气息……

2. 出去时最好带上自己信任的人，如家人和好朋友。一边在美丽的风光中游览，一边和身边的人聊聊心事。这样会收到意想不到的减压效果，感觉自己像换了一个人似的。

有条件的话，最好到真正的大自然当中，例如郊区。如不具备条件，可考虑到城市公园等人造的自然风光中去，当然效果会打些折扣。在走入大自然之前，可能还得考虑时间、金钱等问题，多数情况下，这一切都是值得的。

的确，很多时候，幸福其实没有那么复杂，就是如此简单。因为拥有阳光，因为拥有健康，因为拥有亲人，因为拥

有朋友，只要有一颗感恩的心，即使你拥有的东西再少，你也会感觉到幸福。换言之，幸福就是一种内心的感受，而不在于你拥有的多少。只要怀着一颗感恩的心，你就拥有了发现美的眼睛。不开心的时候，不妨想想自己拥有的一切；沐浴到清晨的第一缕阳光，因为大自然的慷慨馈赠而欣喜不已；善待亲情友情，在失意落魄的时候感受亲情友情的温暖；珍惜得来不易的爱情，风雨同舟、相濡以沫。怀着感恩的心，呼吸清新的空气，享受温暖的阳光，感受生活的美好。只要心怀感恩，你的内心就会充满幸福！

用心感受，体会幸福

生活中，我们每个人都在追寻幸福的脚步，然而，你每天都幸福吗？面对这样一个既简单而又复杂的问题，我们常常不知道该如何回答。想必大部分人都觉得自己并不是那么幸福，每天有忙不完的工作、做不完的事，每天要在家庭与工作之间权衡，忙碌又紧张的生活常常让我们累得喘不过气来，哪有幸福可言？

然而，当你发现还不满一岁的孩子蹒跚学步、牙牙学语时，你是否觉得幸福的滋味涌上心头？深夜加班的你，看见爱

第 12 章
探秘幸福，享受当下是幸福最简单的模式

人发来的一条短信"早点回家，我在等你"时，是否觉得有家的感觉真好？当你在工作中受到委屈，而得到了领导的一句鼓励"加油，我相信你可以"时，是否顿时元气满满……是啊，幸福如此简单，那么，我们为什么就没有发现呢？大概是我们没有用心体会幸福吧。

事实上，我们每个人对痛苦的体验都比较深刻，而对幸福的体验却有些肤浅。当我们苦苦追寻幸福的时候，或许已经错过感受幸福的机会；当我们费尽千辛万苦获得幸福的时候，才发现幸福原来是如此简单，只要用心培养与感受就能慢慢获得它。从小，我们就开始培养各种学习能力，但是，我们却逐渐缺少了一种能力，那就是感受幸福的能力。

亚伯拉罕·林肯曾经说过："人们如果下定决心要拥有幸福，他就会等到幸福。"其实，幸福只是一种感觉，我们每个人都有拥有幸福的权利。在日常生活中，我们常常会感到悲伤、烦闷，总是认为幸福是一种奢侈品、难以把握。而这也是因为我们没有用心感知幸福。

主持人杨澜曾经有这样一个习惯：每天她都会写下5件让自己感到幸福的事情，例如天气晴朗温暖，让我一睁开眼就有好心情；与几位朋友共进晚餐……在后面，杨澜写了这样一句话："我们从小就学习各种能力，但似乎忽视了一种最重要的能力——感受幸福的能力。"看到这句话，你是否觉得自己已经失去感受幸福的能力？其实，幸福隐藏在琐碎的事情之中，就如同点点粉末洒在日常事物之中，当我们的眼光太过于高远，就看不见那些随处飞扬的尘埃。如果我们每天都细数自己身边的幸福，那么，幸福的指数就会一直上升，最终成为一种习惯，伴随我们左右。

其实，获得幸福，我们不需要太多的寻寻觅觅，不需要太多的权衡，只要你追随自己的天赋和内心，你就会发现，生命的轨迹原已存在，正期待你的光临，你所经历的，正是你应拥有的生活，当你能够感觉到自己正行走在命运的轨道上，你会发现，周围的人，开始源源不断地带给你新的机会。在追求有意义而又快乐的目标时，我们不再是消磨光阴，而是在让时间闪闪发光。所以，我们应该让幸福成为自己的习惯，降低幸福的底线，你就会发现，幸福几乎触手可及。

所以，生活中的你，如果已经埋头工作许久，那么，请站起来，推开窗，深深地呼吸，放眼远方，微笑抑或呼喊，慢慢品尝这一刻，享受它，学会在最琐碎的事情里品尝幸福的滋味！

知足常乐，是幸福快乐的源泉

生活中，我们不少人把幸福定义为对物质生活的不断追求，诸如没有房子的人，哪怕租来一间小小的平房，也觉得

第 12 章
探秘幸福，享受当下是幸福最简单的模式

是莫大的幸福。尤其是夜幕降临或者是晨曦微露之时，看着别人家里的灯光，总会引起心中无限的怅然和慨叹。然而，等到他们真正有了属于自己的房子，橘黄色的灯光已经无法引起他们心中的涟漪，他们想得到更大的房子，甚至还想除了单车之外，再拥有一辆小汽车。于是，我们一步步掉进欲望的深渊之中而无法自拔，最终，我们渐渐地失去心灵的平静，也丢失掉生活中最重要的东西。

其实，幸福来自我们对当下生活的知足，唯有知足才能常乐，也唯有知足才能安排好自己的生活，从而感到发自内心的满足。否则，你的心将会变成一个无底洞，不管什么时候都无法装满幸福，更无法获得快乐。古人云，知足常乐，这句话是非常有道理的。

杨娟大学毕业后就考入了一家事业单位，在外人看来，她拥有一份好工作，有着靓丽的外表，还有个对她好的男朋友，朋友们也都很羡慕她。可是，一直以来不知道为什么，她都是那样的闷闷不乐、郁郁寡欢。可是，经过一次事情之后，她心中的那些郁结都打开了。

那次，一个在深圳打工的朋友为了能让她快乐起来，就邀请她去深圳玩一趟。千里跋涉，坐了一天一夜的火车。在一个阳光灿烂的清晨，灰头土脸的杨娟终于出现在来车站接她的好友面前。看到朋友衣着得体、容光焕发的样子，她更觉自己的卑微。

和朋友见面后，朋友和杨娟聊起了自己刚来深圳的那段日子。那年，她独自一人来到这人生地不熟的大城市。初来乍到的她，东奔西跑了好多天，但却找不到一份工作，眼看身上的钱越来越少，她急得焦头烂额。这时，有个好心的人告诉她，某地有个姓张的奶奶，办了一个让外出人员临时居住的地方，在那儿住一个晚上只要两元钱，便宜！朋友找到了那里，住了下来。后来又在一个工厂找到一份活儿。做了几个月，觉得活儿重，又没多少钱，就不想做了。这时，有个工友说：你如果有那么三两万的，就去把当地人的出租房包下来，再转租给外来打工的人，做个二房东。如果运气好的话，还是能挣一些钱的。受此点拨，她心动了。于是，从亲朋好友那儿借了一点，加上自己的一些私房钱，包了一幢房子来管理。一年下来，除了开销还真挣到了两万多块钱。脚跟站稳后，她把她下岗的哥哥和在家中务农的表姐表弟们都带出来了。

说着说着，朋友就带着杨娟来到刚开始她住的地方。到了那个地方后，杨娟看见一个弄堂，一扇大门大开着，简陋得有点零乱的房间里铺满了草席和被子。有几个妇女正席地而坐，在那儿边聊天边打着毛衣，聊到高兴处还哈哈大笑起来。杨娟想，住在这有点像"包身工"住的地方也笑得出来？真不明白她们是怎么想的。

杨娟忍不住问其中一个妇女："你们出来打工，住这样的地方不觉得苦吗？"女人听了这没头没脑的话，就上下把杨娟打量了一下,才说:"我不感到有什么苦呢,比起那些成天躺在床上,连吃饭拉屎都要靠别人的人来说,不知要幸福多少倍!……怎么说呢?我们有力气,能干活,能吃能睡,能说能笑。多好!"经过交谈杨娟才知道,女人来自贵州,先是在一家医院侍候一位瘫痪病人,不久前那位病人过世了,又正逢要过年了,找不到事做,就住到这儿来了。女人几句朴实无华的话确实让杨娟感动。

现在的杨娟已经变得开朗、快乐多了。时过境迁,她经常会想起那个贵州女人的话。

这个故事也告诉我们所有人,压力来自我们自身。幸福和快乐并不在于我们生活的环境有多好,也不在于金钱有多足,学识有多高,而在于我们的好心境。心境好了,哪怕你一无所有,也会因为拥有清风明月而幸福快乐。就像那位贵州妇女,生活在那样的苦境中,也能找到自己快乐的源泉,觉得自己是快乐幸福的。

知足的心,是我们得到幸福快乐的保障。任何时候,我们对于快乐都要更加从容淡然,这样我们才能拥有更多的幸福美好,也才能远离人生的困境。要知道,这个世界上的好东西有很多,但是绝不可能只被一个人拥有。正如人们常说的,当上帝为一个人关上一扇门,也必然会为这个人打开一扇窗。由此可见,命运从来不会亏待任何人,关键在于我们要有知足的心,这样才能拥有快乐幸福的人生。

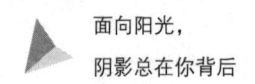

参考文献

[1]林昊.笑着活下去[M].北京：中国华侨出版社，2009.

[2]吴维库.阳光心态[M].北京：机械工业出版社，2012.

[3]袁超.幸福的阶梯[M].北京：中国海洋大学出版社，2016.

[4]彼得森.打开积极心理学之门[M].侯玉波，王非，等译.北京：机械工业出版社，2016.